Exercices en langage C

I0069787

CHEZ LE MÊME ÉDITEUR —————————————————————————————————

Du même auteur ——————————————————————————————————

C. DELANNOY. – **Le Livre du C premier langage**. *Pour les vrais débutants en programmation.*
N°11052, 1994, 280 pages.

C. DELANNOY. – **Langage C**.
N°12445, 2e édition, 2008, 936 pages.

C. DELANNOY. – **Programmer en langage C**. *Avec exercices corrigés.*
N°12546, 2e édition, 2009, 276 pages.

C. DELANNOY. – **C++ pour les programmeurs C**.
N°12231, 2007, 620 pages.

C. DELANNOY. – **Apprendre le C++**.
N°12414, 2007, 760 pages.

C. DELANNOY. – **Exercices en langage C++**.
N°12201, 3e édition 2007, 336 pages.

C. DELANNOY. – **Programmer en Java**. *Java 5 et 6.*
N°12623, 6e édition, 2009, 868 pages + DVD-Rom.

C. DELANNOY. – **Exercices en Java**.
N°11989, 2e édition, 2006, 340 pages.

Autres ouvrages ——————————————————————————————————

P. ROQUES. – **UML 2 par la pratique**.
N°12565, 7e édition, 2009, 396 pages.

H. BERSINI, I. WELLESZ. – **L'orienté objet**.
Cours et exercices en UML 2 avec PHP, Java, Python, C# et C++
N°12441, 4e édition, 2009, 616 pages.

G. LEBLANC. – **C# et .NET**. *Versions 1 à 4.*
N°12604, 2009, 910 pages.

J. ENGELS. – **PHP 5 : cours et exercices**.
N°12486, 2e édition, 2009, 638 pages.

E. DASPET et C. PIERRE de GEYER. – **PHP 5 avancé**.
N°12369, 5e édition, 2008, 844 pages.

T. ZIADÉ. – **Programmation Python**.
N°12483, 2e édition, 2009, 586 pages.

Exercices en langage C

Claude Delannoy

Neuvième tirage 2010

EYROLLES

ÉDITIONS EYROLLES
61, bd Saint-Germain
75240 Paris Cedex 05
www.editions-eyrolles.com

*Cet ouvrage a fait l'objet d'un reconditionnement à l'occasion de son 6ᵉ tirage
(nouveau format, mise en pages en deux couleurs).
Le texte de l'ouvrage reste inchangé par rapport aux tirages précédents.*

DANGER

LE PHOTOCOPILLAGE TUE LE LIVRE

Le code de la propriété intellectuelle du 1ᵉʳ juillet 1992 interdit en effet expressément la photocopie à usage collectif sans autorisation des ayants droit. Or, cette pratique s'est généralisée notamment dans les établissements d'enseignement, provoquant une baisse brutale des achats de livres, au point que la possibilité même pour les auteurs de créer des œuvres nouvelles et de les faire éditer correctement est aujourd'hui menacée.

En application de la loi du 11 mars 1957, il est interdit de reproduire intégralement ou partiellement le présent ouvrage, sur quelque support que ce soit, sans autorisation de l'éditeur ou du Centre Français d'Exploitation du Droit de Copie, 20, rue des Grands-Augustins, 75006 Paris.

© Groupe Eyrolles, 1997, Pour le texte de la présente édition

© Groupe Eyrolles, 2002, pour la nouvelle présentation, ISBN : 978-2-212-11105-3

Table des matières

Première partie
EXERCICES D'APPLICATION

© Éditions Eyrolles

Deuxième partie
EXERCICES THÉMATIQUES

Avant-propos

L'apprentissage d'un langage de programmation ne peut s'envisager que par la pratique, c'est-à-dire la recherche personnelle de solutions à un problème donné. Cette remarque s'applique, non seulement au débutant, mais également au programmeur chevronné qui aborde l'étude d'un nouveau langage.

Cet ouvrage comporte deux parties. La première vous propose des exercices à résoudre pendant la phase d'apprentissage des bases du langage C. Elle comporte sept chapitres que l'on retrouve généralement dans un cours de C (tel que, par exemple, *Programmer en langage C* du même auteur, aux Éditions Eyrolles) : opérateurs et expressions ; entrées-sorties conversationnelles ; instructions de contrôle ; fonctions ; tableaux et pointeurs ; chaînes de caractères ; structures. (Notez que les fichiers et la gestion dynamique font l'objet d'exercices dans la seconde partie de cet ouvrage.) Chaque chapitre contient :

- des exercices d'application immédiate du cours ; ils sont destinés à favoriser son assimilation ;

- des petits exercices, sans grandes difficultés algorithmiques, mettant en œuvre les différentes notions acquises dans les chapitres précédents.

La seconde partie propose des problèmes élaborés et très variés, tant par les différentes techniques de programmation qu'ils font intervenir que par les thèmes auxquels ils s'appliquent. Ils ne doivent être abordés qu'après avoir assimilé les bases du langage C (c'est-à-dire les notions évoquées dans la première partie).

Chaque problème comporte un énoncé décrivant les caractéristiques « externes » du programme à réaliser ainsi qu'un exemple d'exécution.

La solution exposée ensuite ne se limite pas à une simple liste d'un programme, laquelle ne représente finalement qu'une rédaction possible parmi d'autres. Elle commence par une analyse du problème : celle-ci fournit, bien sûr, la démarche algorithmique appropriée mais, en outre, nous avons tenté de retracer le cheminement logique permettant d'y aboutir, en justifiant certains choix éventuels.

D'autre part, le programme lui-même fait l'objet de commentaires qui viennent en éclairer les parties quelque peu délicates. Enfin, une discussion vient fréquemment offrir un prolongement ou une généralisation au problème proposé.

Les problèmes du premier chapitre ne font intervenir qu'un nombre limité d'instructions et de notions de base qui correspondent aux fondements même de la programmation et qui sont donc présentes dans tous les langages.

Le second chapitre contient des exemples d'utilisation des structures qui montrent l'intérêt de ce type de données.

Le troisième chapitre propose l'écriture de programmes récréatifs basés sur l'utilisation du hasard. Ils vous montrent comment générer des nombres aléatoires et comment obtenir des séquences de nombres différentes d'une exécution à une autre.

Le quatrième chapitre vous fait écrire en C des algorithmes choisis parmi les « grands classiques » : tris de tableaux, fusion et recherche en table.

Le cinquième chapitre est consacré à la gestion dynamique des données. Il mêle à la fois des notions générales telles que celles d'allocation dynamique de mémoire et de pointeurs existant dans d'autres langages comme le Pascal) et des notions spécifiques au langage C (fonction `malloc`, par exemple).

Le sixième chapitre traite de la récursivité.

Le septième chapitre propose des exercices de traitement de fichiers portant sur les méthodes d'accès séquentiel, d'accès direct et sur l'utilisation de fichiers de texte.

Enfin, le dernier chapitre comporte des exercices mathématiques destinés à montrer les principales techniques utilisées dans le domaine de l'analyse numérique.

En ce qui concerne leur portabilité, les programmes proposés respectent toujours la norme ANSI. Nous avons systématiquement utilisé la forme « moderne » de définition des fonctions ainsi que leur déclaration à l'aide d'un prototype. En revanche, nous avons préféré l'utilisation de `#define` à la déclaration de constantes (`const`) car les symboles ainsi définis peuvent intervenir dans des expressions constantes. (Notez qu'en C++, les constantes définies par `const` pourront intervenir dans des expressions constantes.)

© Éditions Eyrolles

Première partie

EXERCICES D'APPLICATION

Cette première partie vous propose des exercices, à résoudre, de préférence, pendant la phase d'étude du langage C lui-même. Elle épouse la structure d'un cours « classique », sous la forme de sept chapitres : types de base, opérateurs et expressions ; entrées-sorties conversationnelles ; instructions de contrôle ; fonctions ; tableaux et pointeurs ; chaînes de caractères ; structures.

Chaque chapitre comporte :

- des exercices d'application immédiate destinés à faciliter l'assimilation du cours correspondant ;

- des exercices, sans grande difficulté algorithmique mettant en œuvre les différentes notions acquises au cours des précédents chapitres.

Notez que l'utilisation des fichiers, ainsi que la gestion dynamique ne sont pas abordés dans cette première partie ; ces deux points feront chacun l'objet d'un chapitre approprié dans la seconde partie de l'ouvrage.

Chapitre 1

Types de base, opérateurs et expressions

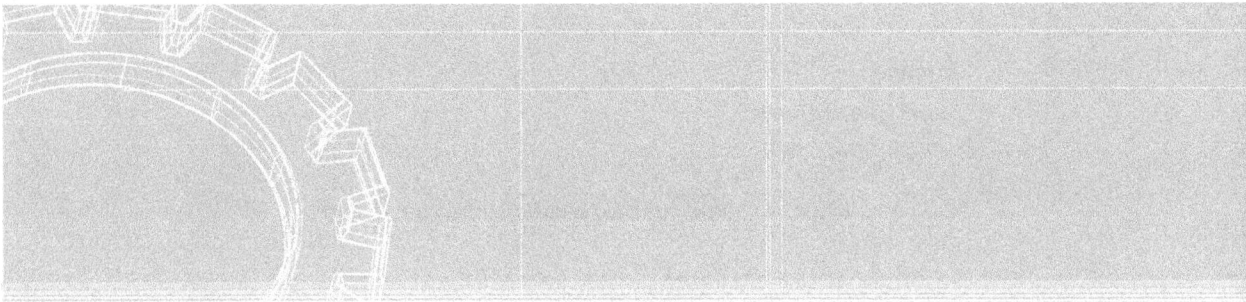

Exercice 1

Énoncé

Éliminer les parenthèses superflues dans les expressions suivantes :

```
a = (x+5)           /* expression 1 */
a = (x=y) + 2       /* expression 2 */
a = (x==y)          /* expression 3 */
(a<b) && (c<d)      /* expression 4 */
(i++) * (n+p)       /* expression 5 */
```

Solution

```
a = x+5             /* expression 1 */
```

L'opérateur + est prioritaire sur l'opérateur d'affectation =.

```
a = (x=y) + 2       /* expression 2 */
```

Ici, l'opérateur + étant prioritaire sur =, les parenthèses sont indispensables.

```
a = x==y              /* expression 3 */
```

L'opérateur == est prioritaire sur =.

```
a<b && c<d            /* expression 4 */
```

L'opérateur && est prioritaire sur l'opérateur <.

```
i++ * (n+p)           /* expression 5 */
```

L'opérateur ++ est prioritaire sur * ; en revanche, * est prioritaire sur +; de sorte qu'on ne peut éliminer les dernières parenthèses.

Exercice 2

Énoncé

Soient les déclarations :
```
char c = '\x01' ;
short int p = 10 ;
```

Quels sont le type et la valeur de chacune des expressions suivantes :
```
p + 3                 /* 1 */
c + 1                 /* 2 */
p + c                 /* 3 */
3 * p + 5 * c         /* 4 */
```

Solution

1. p est d'abord soumis à la conversion « systématique » short -> int, avant d'être ajouté à la valeur 3 (int). Le résultat 13 est de type int.
2. c est d'abord soumis à la conversion « systématique » char -> int (ce qui aboutit à la valeur 1), avant d'être ajouté à la valeur 1 (int). Le résultat 2 est de type int.
3. p est d'abord soumis à la conversion systématique short -> int, tandis que c est soumis à la conversion systématique char -> int ; les résultats sont alors additionnés pour aboutir à la valeur 11 de type int.
4. p et c sont d'abord aux mêmes conversions systématiques que ci-dessus ; le résultat 35 est de type int.

© Éditions Eyrolles

Exercice 3

Énoncé

Soient les déclarations :

```
char c = '\x05' ;
int n = 5 ;
long p = 1000 ;
float x = 1.25 ;
double z = 5.5 ;
```

Quels sont le type et la valeur de chacune des expressions suivantes :

```
n + c + p              /* 1 */
2 * x + c              /* 2 */
(char) n + c           /* 3 */
(float) z + n / 2      /* 4 */
```

Solution

1. c est tout d'abord converti en int, avant d'être ajouté à n. Le résultat (10), de type int, est alors converti en long, avant d'être ajouté à p. On obtient finalement la valeur 1010, de type long.

2. On évalue d'abord la valeur de 2*x, en convertissant 2 (int) en float, ce qui fournit la valeur 2.5 (de type float). Par ailleurs, c est converti en int (conversion systématique). On évalue ensuite la valeur de 2*x, en convertissant 2 (int) en float, ce qui fournit la valeur 2.5 (de type float). Pour effectuer l'addition, on convertit alors la valeur entière 5 (c) en float, avant de l'ajouter au résultat précédent. On obtient finalement la valeur 7.50, de type float.

3. n est tout d'abord converti en char (à cause de l'opérateur de « cast »), tandis que c est converti (conversion systématique) en int. Puis, pour procéder à l'addition, il est nécessaire de reconvertir la valeur de (char) n en int. Finalement, on obtient la valeur 10, de type int.

4. z est d'abord converti en float, ce qui fournit la valeur 5.5 (approximative, car, en fait, on obtient une valeur un peu moins précise que ne le serait 5.5 exprimé en double). Par ailleurs, on procède à la division entière de n par 2, ce qui fournit la valeur entière 2. Cette dernière est ensuite convertie en float, avant d'être ajoutée à 5.5, ce qui fournit le résultat 7.5, de type float.

Remarque

Dans la première définition de Kernighan et Ritchie, les valeurs de type float étaient, elles aussi, soumises à une conversion systématique en double. Dans ce cas, les expressions 3 et 4 étaient alors de type double.

Exercice 4

Énoncé

Soient les déclarations suivantes :

```
int n = 5, p = 9 ;
int q ;
float x ;
```

Quelle est la valeur affectée aux différentes variables concernées par chacune des instructions suivantes ?

```
q = n < p ;               /* 1 */
q = n == p ;              /* 2 */
q = p % n + p > n ;       /* 3 */
x = p / n ;               /* 4 */
x = (float) p / n ;       /* 5 */
x = (p + 0.5) / n ;       /* 6 */
x = (int) (p + 0.5) / n ; /* 7 */
q = n * (p > n ? n : p) ; /* 8 */
q = n * (p < n ? n : p) ; /* 9 */
```

Solution

1. 1
2. 0
3. 5 (p%n vaut 4, tandis que p>n vaut 1)
4. 1 (p/n est d'abord évalué en int, ce qui fournit 1 ; puis le résultat est converti en float, avant d'être affecté à x).
5. 1.8 (p est converti en float, avant d'être divisé par le résultat de la conversion de n en float).
6. 1.9 (p est converti en float, avant d'être ajouté à 0.5 ; le résultat est divisé par le résultat de la conversion de n en float).
7. 1 (p est converti en float, avant d'être ajouté à 0.5 ; le résultat (9.5) est alors converti en int avant d'être divisé par n).
8. 25
9. 45

Exercice 5

Énoncé

Quels résultats fournit le programme suivant :

```
#include <stdio.h>
```

© Éditions Eyrolles

```
main ()
{
   int i, j, n ;
   i = 0 ; n = i++ ;
   printf ("A : i = %d  n = %d \n", i, n ) ;

   i = 10 ; n = ++ i ;
   printf ("B : i = %d  n = %d \n", i, n ) ;
   i = 20 ; j = 5 ; n = i++ * ++ j ;
   printf ("C : i = %d  j = %d  n = %d \n", i, j, n ) ;
   i = 15 ; n = i += 3 ;
   printf ("D : i = %d  n = %d \n", i, n) ;

   i = 3 ; j = 5 ; n = i *= --j ;
   printf ("E : i = %d  j = %d  n = %d \n", i, j, n) ;
}
```

Solution

```
A : i = 1  n = 0
B : i = 11  n = 11
C : i = 21  j = 6  n = 120
D : i = 18  n = 18
E : i = 3  j = 4  n = 12
```

Exercice 6

Énoncé

Quels résultats fournira ce programme :

```
#include <stdio.h>
main()
{
   int n=10, p=5, q=10, r ;

   r = n == (p = q) ;
   printf ("A : n = %d  p = %d  q = %d  r = %d\n", n, p, q, r) ;

   n = p = q = 5 ;
   n += p += q ;
   printf ("B : n = %d  p = %d  q = %d\n", n, p, q) ;

   q = n < p ? n++ : p++ ;
   printf ("C : n = %d  p = %d  q = %d\n", n, p, q) ;

   q = n > p ? n++ : p++ ;
   printf ("D : n = %d  p = %d  q = %d\n", n, p, q) ;
}
```

Solution

```
A : n = 10  p = 10  q = 10  r = 1
B : n = 15  p = 10  q = 5
```

```
      printf ("H : %x : %8x :\n", n, n) ;
      printf ("I : %o : %8o :\n", n, n) ;
   }
```

Solution

A : 543 34.567799

B :   543   34.567799

C : 543 34.567799

D :   34.568   3.457e+01

E : 543   34.567799

F :   543

G :   34.56780

H : 21f :   21f :

I : 1037 :   1037 :

Exercice 9

Énoncé

Quels seront les résultats fournis par ce programme :

```
#include <stdio.h>
main()
{   char c ;
    int n ;
    c = 'S' ;
    printf ("A : %c\n", c) ;
    n = c ;
    printf ("B : %c\n", n) ;
    printf ("C : %d %d\n", c, n) ;
    printf ("D : %x %x\n", c, n) ;
}
```

Solution

A : S

B : S

C : 83 83

D : 53 53

© Éditions Eyrolles

Exercice **10**

Énoncé

Quelles seront les valeurs lues dans les variables n et p (de type int), par l'instruction suivante :

```
scanf ("%d %d", &n, &p) ;
```

lorsqu'on lui fournit les données suivantes (le symbole ^ représente un espace et le symbole @ représente une fin de ligne, c'est-à-dire une « validation ») :

a)

```
253^45@
```

b)

```
^253^@
^^ 4 ^ 5 @
```

a) n = 253, p = 45

b) n = 253, p = 4 (les derniers caractères de la deuxième ligne pourront éventuellement être utilisés par une instruction de lecture ultérieure).

Exercice **11**

Énoncé

Quelles seront les valeurs lues dans les variables n et p (de type int), par l'instruction suivante :

```
scanf ("%4d %2d", &n, &p) ;
```

lorsqu'on lui fournit les données suivantes (le symbole ^ représente un espace et le symbole @ représente une fin de ligne, c'est-à-dire une « validation ») :

a)

```
12^45@
```

b)

```
123456@
```

c)

```
123456^7@
```

d)

```
1^458@
```

e)

```
^^^4567^^8912@
```

Solution

Rappelons que lorsqu'une indication de longueur est présente dans le code format fourni à scanf (comme, par exemple, le 4 de %4d), scanf interrompt son exploration si le nombre correspondant de caractères a été exploré, sans qu'un séparateur (ou « espace blanc ») n'ait été trouvé. Notez bien, cependant, que les éventuels caractères séparateurs « sautés » auparavant ne sont pas considérés dans ce compte. Voici les résultats obtenus :

a) n=12, p=45
b) n=1234, p=56
c) n=1234, p=56
d) n=1, p=45
e) n=4567, p=89

En **a**, on obtiendrait exactement les mêmes résultats sans indication de longueur (c'est-à-dire avec %d %d). En **b**, en revanche, sans l'indication de longueur 4, les résultats seraient différents (n vaudrait 123456, tandis qu'il manquerait des informations pour p). En **c**, les informations ^ et 7 ne sont pas prises en compte par scanf (elles le seront éventuellement par une prochaine lecture !) ; sans la première indication de longueur, les résultats seraient différents : 123456 pour n (en supposant que cela ne conduise pas à une valeur non représentable dans le type int) et 7 pour p. En **d**, cette fois, c'est l'indication de longueur 2 qui a de l'importance ; en son absence, n vaudrait effectivement 1, mais p vaudrait 458. Enfin, en **e**, les deux indications de longueur sont importantes ; notez bien que les trois espaces placés avant les caractères pris en compte pour n, ainsi que les 2 espaces placés avant les caractères pris en compte pour p ne sont pas comptabilisés dans la longueur imposée.

Exercice **12**

Énoncé

Soit le programme suivant :

```
#include <stdio.h>
main()
{
    int n, p ;

    do
        { printf ("donnez 2 entiers (0 pour finir) : ") ;
          scanf("%4d%2d", &n, &p) ;
          printf ("merci pour : %d %d\n", n, p) ;
        }
    while (n) ;
}
```

Quels résultats fournira-t-il, en supposant qu'on y insère les données suivantes (attention, on supposera que les données sont frappées au clavier et les résultats affichés à l'écran, ce qui signifie qu'il y aura « mixage » entre ces deux sortes d'informations) :

© Éditions Eyrolles

```
1 2
  3
     4
123456
78901234 5
6 7 8 9 10
0
0
12
```

Ici, on retrouve le mécanisme lié à l'indication d'une longueur maximale dans le code format, comme dans l'exercice précédent. De plus, on exploite le fait que les informations d'une ligne qui n'ont pas été prises en compte lors d'une lecture restent disponibles pour la lecture suivante. Enfin, rappelons que, tant que `scanf` n'a pas reçu suffisamment d'information, compte tenu des différents codes format spécifiés (et non pas des variables indiquées), elle en attend de nouvelles. Voici finalement les résultats obtenus :

```
donnez 2 entiers (0 pour finir)
1 2
merci pour : 1 2
donnez 2 entiers (0 pour finir)
  3
     4
merci pour : 3 4
donnez 2 entiers (0 pour finir)
123456
merci pour : 1234 56
donnez 2 entiers (0 pour finir)
78901234 5
merci pour : 7890 12
donnez 2 entiers (0 pour finir)
merci pour : 34 5
donnez 2 entiers (0 pour finir)
6 7 8 9 10
merci pour : 6 7
donnez 2 entiers (0 pour finir)
merci pour : 8 9
donnez 2 entiers (0 pour finir)
0
merci pour : 10 0
donnez 2 entiers (0 pour finir)
0
12
merci pour : 0 12
```

Chapitre 3

Les instructions de contrôle

Exercice 13

Énoncé

Quelles erreurs ont été commises dans chacun des groupes d'instructions suivants :

1.

```
if (a<b) printf ("ascendant")
    else printf ("non ascendant") ;
```

2.

```
int n ;
  ...
switch (2*n+1)
{ case 1 : printf ("petit") ;
  case n : printf ("moyen") ;
}
```

3.

```
#define LIMITE 100
int n ;
  ...
switch (n)
{ case LIMITE-1 : printf ("un peu moins") ;
  case LIMITE   : printf ("juste") ;
  case LIMITE+1 : printf ("un peu plus") ;
}
```

4.

```
const int LIMITE=100
int n ;
  ...
switch (n)
{ case LIMITE-1 : printf ("un peu moins") ;
  case LIMITE   : printf ("juste") ;
  case LIMITE+1 : printf ("un peu plus") ;
}
```

Solution

1. Il manque un point-virgule à la fin du premier `printf` :

```
if (a<b) printf ("ascendant") ;
    else printf ("non ascendant") ;
```

2. Les valeurs suivant le mot `case` doivent obligatoirement être des « expressions constantes », c'est-à-dire des expressions calculables par le compilateur lui-même. Ce n'est pas le cas de `n`.

3. Aucune erreur, les expressions telles que `LIMITE-1` étant bien des expressions constantes.

4. Ici, les expressions suivant le mot `case` ne sont plus des expressions constantes, car le symbole `LIMITE` a été défini sous forme d'une « constante symbolique » (en C++, cependant, ces instructions seront correctes).

Exercice **14**

Énoncé

Soit le programme suivant :

```
#include <stdio.h>
main()
{   int n ;
    scanf ("%d", &n) ;
    switch (n)
    { case 0 : printf ("Nul\n") ;
      case 1 :
      case 2 : printf ("Petit\n") ;
              break ;
```

© Éditions Eyrolles

```
        case 3 :
        case 4 :
        case 5 : printf ("Moyen\n") ;
        default : printf ("Grand\n") ;
    }
}
```

Quels résultats affiche-t-il lorsqu'on lui fournit en donnée :

a) 0
b) 1
c) 4
d) 10
e) -5

Solution

a)
```
Nul
Petit
```

b)
```
Petit
```

c)
```
Moyen
Grand
```

d)
```
Grand
```

e)
```
Grand
```

Exercice 15

Énoncé

Quelles erreurs ont été commises dans chacune des instructions suivantes :

a)
```
do c = getchar() while (c != '\n') ;
```

b)
```
do while ( (c = getchar()) != '\n') ;
```

c)
```
do {} while (1) ;
```

Solution

a) Il manque un point-virgule :

```
do c = getchar() ; while (c != '\n') ;
```

b) Il manque une instruction (éventuellement « vide ») après le mot do. On pourrait écrire, par exemple :

```
do {} while ( (c = getchar()) != '\n') ;
```

ou :

```
do ; while ( (c = getchar()) != '\n') ;
```

c) Il n'y aura pas d'erreur de compilation ; toutefois, il s'agit d'une « boucle infinie ».

Exercice 16

Énoncé

Écrire plus lisiblement :

```
do {} while (printf("donnez un nombre >0 "), scanf ("%d", &n), n<=0) ;
```

Solution

Plusieurs possibilités existent, puisqu'il « suffit » de reporter, dans le corps de la boucle, des instructions figurant « artificiellement » sous forme d'expressions dans la condition de poursuite :

```
do
   { printf("donnez un nombre >0 ") ;
while (scanf ("%d", &n), n<=0) ;
```

ou, mieux :

```
do
   { printf("donnez un nombre >0 ") ;
     scanf ("%d", &n) ;
   }
while (n<=0) ;
```

Exercice 17

Énoncé

Soit le petit programme suivant :

```
#include <stdio.h>
```

© Éditions Eyrolles

```
main()
{ int i, n, som ;
  som = 0 ;
  for (i=0 ; i<4 ; i++)
     { printf ("donnez un entier ") ;
       scanf ("%d", &n) ;
       som += n ;
     }
  printf ("Somme : %d\n", som) ;
}
```

Écrire un programme réalisant exactement la même chose, en employant, à la place de l'instruction for :

a) une instruction while,

b) une instruction do ... while.

Solution

a)

```
#include <stdio.h>
main()
{ int i, n, som ;
  som = 0 ;
  i = 0 ;                  /* ne pas oublier cette "initialisation" */
  while (i<4)
     { printf ("donnez un entier ") ;
       scanf ("%d", &n) ;
       som += n ;
       i++ ;               /* ni cette "incrémentation" */
     }
  printf ("Somme : %d\n", som) ;
}
```

b)

```
#include <stdio.h>
main()
{ int i, n, som ;
  som = 0 ;
  i = 0 ;                  /* ne pas oublier cette "initialisation" */
  do
     { printf ("donnez un entier ") ;
       scanf ("%d", &n) ;
       som += n ;
       i++ ;               /* ni cette "incrémentation" */
     }
  while (i<4) ;            /* attention, ici, toujours <4 */
  printf ("Somme : %d\n", som) ;
}
```

Exercice 18

Énoncé

Quels résultats fournit le programme suivant :

```c
#include <stdio.h>
main()
{  int n=0 ;
   do
     { if (n%2==0) { printf ("%d est pair\n", n) ;
                       n += 3 ;
                       continue ;
                     }
       if (n%3==0) { printf ("%d est multiple de 3\n", n) ;
                       n += 5 ;
                     }
       if (n%5==0) { printf ("%d est multiple de 5\n", n) ;
                       break ;
                     }
       n += 1 ;
     }
   while (1) ;
}
```

Solution

```
0 est pair
3 est multiple de 3
9 est multiple de 3
15 est multiple de 3
20 est multiple de 5
```

Exercice 19

Énoncé

Quels résultats fournit le programme suivant :

```c
#include <stdio.h>
main()
{   int n, p ;

    n=0 ;
    while (n<=5) n++ ;
    printf ("A : n = %d\n", n) ;

    n=p=0 ;
    while (n<=8) n += p++ ;
    printf ("B : n = %d\n", n) ;
```

© Éditions Eyrolles

```
        n=p=0 ;
        while (n<=8) n += ++p ;
        printf ("C : n = %d\n", n) ;

        n=p=0 ;
        while (p<=5) n+= p++ ;
        printf ("D : n = %d\n", n) ;

        n=p=0 ;
        while (p<=5) n+= ++p ;
        printf ("D : n = %d\n", n) ;
}
```

Solution

```
A : n = 6
B : n = 10
C : n = 10
D : n = 15
D : n = 21
```

Exercice 20

Énoncé

Quels résultats fournit le programme suivant :

```
#include <stdio.h>
main()
{   int n, p ;

    n=p=0 ;
    while (n<5) n+=2 ; p++ ;
    printf ("A : n = %d, p = %d \n", n, p) ;

    n=p=0 ;
    while (n<5) { n+=2 ; p++ ; }
    printf ("B : n = %d, p = %d \n", n, p) ;
}
```

Solution

```
A : n = 6, p = 1
B : n = 6, p = 3
```

Exercice 21

Énoncé

Quels résultats fournit le programme suivant :

```
#include <stdio.h>

main()
{   int i, n ;

    for (i=0, n=0 ; i<5 ; i++) n++ ;
    printf ("A : i = %d, n = %d\n", i, n) ;

    for (i=0, n=0 ; i<5 ; i++, n++) {}
    printf ("B : i = %d, n = %d\n", i, n) ;

    for (i=0, n=50 ; n>10 ; i++, n-= i ) {}
    printf ("C : i = %d, n = %d\n", i, n) ;

    for (i=0, n=0 ; i<3 ; i++, n+=i, printf ("D : i = %d, n = %d\n", i, n) ) ;
    printf ("E : i = %d, n = %d\n", i, n) ;
}
```

Solution

```
A : i = 5, n = 5
B : i = 5, n = 5
C : i = 9, n = 5
D : i = 1, n = 1
D : i = 2, n = 3
D : i = 3, n = 6
E : i = 3, n = 6
```

Exercice 22

Énoncé

Écrire un programme qui calcule les racines carrées de nombres fournis en donnée. Il s'arrêtera lorsqu'on lui fournira la valeur 0. Il refusera les valeurs négatives. Son exécution se présentera ainsi :

```
donnez un nombre positif : 2
sa racine carrée est : 1.414214e+00
donnez un nombre positif : -1
svp positif
donnez un nombre positif : 5
sa racine carrée est : 2.236068e+00
donnez un nombre positif : 0
```

© Éditions Eyrolles

Rappelons que la fonction sqrt fournit la racine carrée (double) de la valeur (double) qu'on lui donne en argument.

Il existe beaucoup de rédactions possibles ; en voici 3 :

```
#include <stdio.h>
#include <math.h>   /* indispensable pour sqrt (qui fournit un résultat */
                    /*                  de type double)                  */
main()
{  double x ;
   do
      {  printf ("donnez un nombre positif : ") ;
         scanf ("%le", &x) ;
         if (x < 0) printf ("svp positif \n") ;
         if (x <=0) continue ;
         printf ("sa racine carrée est : %le\n", sqrt (x) ) ;
      }
   while (x) ;
}
```

```
#include <stdio.h>
#include <math.h>
main()
{  double x ;
   do
      {  printf ("donnez un nombre positif : ") ;
         scanf ("%le", &x) ;

         if (x < 0) { printf ("svp positif \n") ;
                      continue ;
                    }
         if (x>0) printf ("sa racine carrée est : %le\n", sqrt (x) ) ;
      }
   while (x) ;
}
```

```
#include <stdio.h>
#include <math.h>
main()
{  double x ;
```

```
        do
          { printf ("donnez un nombre positif : ") ;
            scanf ("%le", &x) ;

            if (x < 0) { printf ("svp positif \n") ;
                         continue ;
                       }
            if (x>0) printf ("sa racine carrée est : %le\n", sqrt (x) ) ;
            if (x==0) break ;
          }
        while (1) ;
    }
```

Remarque Il ne faut surtout pas oublier #include <math.h> car, sinon, le compilateur considère (en l'absence du prototype) que sqrt fournit un résultat de type int.

Exercice 23

Énoncé

Calculer la somme des n premiers termes de la « série harmonique », c'est-à-dire la somme :

1 + 1/2 + 1/3 + 1/4 + ... + 1/n

La valeur de n sera lue en donnée.

Solution

```
#include <stdio.h>
main()
{
   int nt ;          /* nombre de termes de la série harmonique */
   float som ;       /* pour la somme de la série */
   int i ;

   do
     { printf ("combien de termes : ") ;
       scanf ("%d", &nt) ;
     }
   while (nt<1) ;
   for (i=1, som=0 ; i<=nt ; i++) som += (float)1/i ;
   printf ("Somme des %d premiers termes = %f", nt, som) ;
}
```

© Éditions Eyrolles

Remarques

1. Rappelons que dans :

```
som += (float)1/i
```

l'expression de droite est évaluée en convertissant d'abord `1` et `i` en `float`.

Il faut éviter d'écrire :

```
som += 1/i
```

auquel cas, les valeurs de `1/i` seraient toujours nulles (sauf pour `i=1`) puisque l'opérateur `/`, lorsqu'il porte sur des entiers, correspond à la division entière.

De même, en écrivant :

```
som += (float) (1/i)
```

le résultat ne serait pas plus satisfaisant puisque la conversion en flottant n'aurait lieu qu'après la division (en entier).

En revanche, on pourrait écrire :

```
som += 1.0/i ;
```

2. Si l'on cherchait à exécuter ce programme pour des valeurs élevées de `n` (en prévoyant alors une variable de type `float` ou `double`), on constaterait que la valeur de la somme semble « converger » vers une limite (bien qu'en théorie la série harmonique « diverge »). Cela provient tout simplement de ce que, dès que la valeur de `1/i` est « petite » devant `som`, le résultat de l'addition de `1/i` et de `som` est **exactement** `som`. On pourrait toutefois améliorer le résultat en effectuant la somme « à l'envers » (en effet, dans ce cas, le rapport entre la valeur à ajouter et la somme courante serait plus faible que précédemment).

Exercice 24

Énoncé

Afficher un triangle isocèle formé d'étoiles. La hauteur du triangle (c'est-à-dire le nombre de lignes) sera fourni en donnée, comme dans l'exemple ci-dessous. On s'arrangera pour que la dernière ligne du triangle s'affiche sur le bord gauche de l'écran.

```
combien de lignes ? 10
         *
        ***
       *****
      *******
     *********
    ***********
   *************
  ***************
 *****************
*******************
```

Solution

```
#include <stdio.h>

#define car '*'            /* caractère de remplissage */

main()
{   int nlignes ;          /* nombre total de lignes */
    int nl ;               /* compteur de ligne */
    int nesp ;             /* nombre d'espaces précédents une étoile */
    int j ;

    printf ("combien de lignes ? ") ;
    scanf ("%d", &nlignes) ;
    for (nl=0 ; nl<nlignes ; nl++)
       { nesp = nlignes - nl - 1 ;
         for (j=0 ; j<nesp ; j++)   putchar (' ') ;
         for (j=0 ; j<2*nl+1 ; j++) putchar (car) ;
         putchar ('\n') ;
       }
}
```

Exercice 25

Énoncé

Afficher toutes les manières possibles d'obtenir un euro avec des pièces de 2 cents, 5 cents et 10 cents. Dire combien de possibilités ont été ainsi trouvées. Les résultats seront affichés comme suit :

```
1 euro = 50 X 2c
1 euro = 45 X 2c   2 X 5c
1 euro = 40 X 2c   4 X 5c
1 euro = 35 X 2c   6 X 5c
1 euro = 30 X 2c   8 X 5c
1 euro = 25 X 2c  10 X 5c
1 euro = 20 X 2c  12 X 5c
1 euro = 15 X 2c  14 X 5c
1 euro = 10 X 2c  16 X 5c
1 euro =  5 X 2c  18 X 5c
1 euro = 20 X 5c
1 euro = 45 X 2c   1 X 10c
1 euro = 40 X 2c   2 X 5c   1 X 10c
1 euro = 35 X 2c   4 X 5c   1 X 10c
1 euro = 10 X 2c   2 X 5c   7 X 10c
1 euro =  5 X 2c   4 X 5c   7 X 10c
1 euro =  6 X 5c   7 X 10c
1 euro = 10 X 2c   8 X 10c
1 euro =  5 X 2c   2 X 5c   8 X 10c
1 euro =  4 X 5c   8 X 10c
1 euro =  5 X 2c   9 X 10c
1 euro =  2 X 5c   9 X 10c
```

© Éditions Eyrolles

```
    1 euro = 10 X 10c

    En tout, il y a 66 façons de faire 1 euro
```

Solution

```
#include <stdio.h>
main()
{
    int nbf ;        /* compteur du nombre de façons de faire 1 euro */
    int n10 ;        /* nombre de pièces de 10 centimes */
    int n5 ;         /* nombre de pièces de 5 centimes */
    int n2 ;         /* nombre de pièces de 2 centimes */

    nbf = 0 ;
    for (n10=0 ; n10<=10 ; n10++)
      for (n5=0 ; n5<=20 ; n5++)
      for (n2=0 ; n2<=50 ; n2++)
      if ( 2*n2 + 5*n5 + 10*n10 == 100)
         { nbf ++ ;
           printf ("1 euro = ") ;
           if (n2)  printf ("%2d X 2c ", n2 ) ;
           if (n5)  printf ("%2d X 5c ", n5 ) ;
           if (n10) printf ("%2d X 10c", n10) ;
           printf ("\n") ;
         }

    printf ("\nEn tout, il y a %d façons de faire 1 euro\n", nbf) ;
}
```

Exercice 26

Énoncé

Écrire un programme qui détermine la $n^{ième}$ valeur u_n (n étant fourni en donnée) de la « suite de Fibonacci » définie comme suit :

```
u1 = 1
u2 = 1
un = un-1 + un-2     pour n>2
```

Solution

```
#include <stdio.h>

main()
{
   int u1, u2, u3 ;          /* pour "parcourir" la suite */
   int n ;                   /* rang du terme demandé */
   int i ;                   /* compteur */

   do
     { printf ("rang du terme demandé (au moins 3) ? ") ;
       scanf ("%d", &n) ;
     }
   while (n<3) ;

   u2 = u1 = 1 ;             /* les deux premiers termes */
   i = 2 ;
   while (i++ < n)          /* attention, l'algorithme ne fonctionne */
      { u3 = u1 + u2 ;       /*              que pour n > 2            */
        u1 = u2 ;
        u2 = u3 ;
      }
   /*                autre formulation possible :           */
   /* for (i=3 ; i<=n ; i++, u1=u2, u2=u3) u3 = u1 + u2 ;   */

   printf ("Valeur du terme de rang %d : %d", n, u3) ;
}
```

Notez que, comme à l'accoutumée en C, beaucoup de formulations sont possibles. Nous en avons d'ailleurs placé une seconde en commentaire de notre programme.

Exercice 27

Énoncé

Écrire un programme qui trouve la plus grande et la plus petite valeur d'une succession de notes (nombres entiers entre 0 et 20) fournies en données, ainsi que le nombre de fois où ce maximum et ce minimum ont été attribués. On supposera que les notes, en nombre non connu à l'avance, seront terminées par une valeur négative. On s'astreindra à ne pas utiliser de « tableau ». L'exécution du programme pourra se présenter ainsi :

```
donnez une note (-1 pour finir) : 12
donnez une note (-1 pour finir) : 8
donnez une note (-1 pour finir) : 13
donnez une note (-1 pour finir) : 7
```

© Éditions Eyrolles

```
donnez une note (-1 pour finir) : 11
donnez une note (-1 pour finir) : 12
donnez une note (-1 pour finir) : 7
donnez une note (-1 pour finir) : 9
donnez une note (-1 pour finir) : -1

note maximale : 13 attribuée 1 fois
note minimale : 7 attribuée 2 fois
```

Solution

```c
#include <stdio.h>

main()
{
    int note ;          /* note "courante" */
    int max ;           /* note maxi */
    int min ;           /* note mini */
    int nmax ;          /* nombre de fois où la note maxi a été trouvée */
    int nmin ;          /* nombre de fois où la note mini a été trouvée */

    max = -1 ;          /* initialisation max (possible car toutes notes >=0 */
    min = 21 ;          /* initialisation min (possible car toutes notes < 21) */
    while (printf ("donnez une note (-1 pour finir) : "),
           scanf ("%d", &note),
           note >=0)
       { if (note == max) nmax++ ;
         if (note > max) { max = note ;
                           nmax = 1 ;
                         }
         if (note == min) nmin++ ;
         if (note < min) { min = note ;
                           nmin = 1 ;
                         }
       }

         /* attention, si aucune note (cad si max<0) */
         /*  les résultats sont sans signification   */
    if (max >= 0)
       { printf ("\nnote maximale : %d attribuée %d fois\n", max, nmax) ;
         printf   ("note minimale : %d attribuée %d fois\n", min, nmin) ;
       }
}
```

Exercice **28**

Énoncé

Écrire un programme qui affiche la « table de multiplication » des nombres de 1 à 10, sous la forme suivante :

```
      I   1   2   3   4   5   6   7   8   9  10
-------------------------------------------------
   1  I   1   2   3   4   5   6   7   8   9  10
   2  I   2   4   6   8  10  12  14  16  18  20
   3  I   3   6   9  12  15  18  21  24  27  30
   4  I   4   8  12  16  20  24  28  32  36  40
   5  I   5  10  15  20  25  30  35  40  45  50
   6  I   6  12  18  24  30  36  42  48  54  60
   7  I   7  14  21  28  35  42  49  56  63  70
   8  I   8  16  24  32  40  48  56  64  72  80
   9  I   9  18  27  36  45  54  63  72  81  90
  10  I  10  20  30  40  50  60  70  80  90 100
```

Solution

```c
#include <stdio.h>
#define NMAX 10                  /* nombre de valeurs */

main()
{   int i, j ;

        /* affichage ligne en-tête */
    printf ("      I") ;
    for (j=1 ; j<=NMAX ; j++) printf ("%4d", j) ;
    printf ("\n") ;
    printf ("-------") ;
    for (j=1 ; j<=NMAX ; j++) printf ("----") ;
    printf ("\n") ;

        /* affichage des différentes lignes */
    for (i=1 ; i<=NMAX ; i++)
      { printf ("%4d  I", i) ;
        for (j=1 ; j<=NMAX ; j++)
           printf ("%4d", i*j) ;
        printf ("\n") ;
      }
```

© Éditions Eyrolles

Chapitre 4
Les fonctions

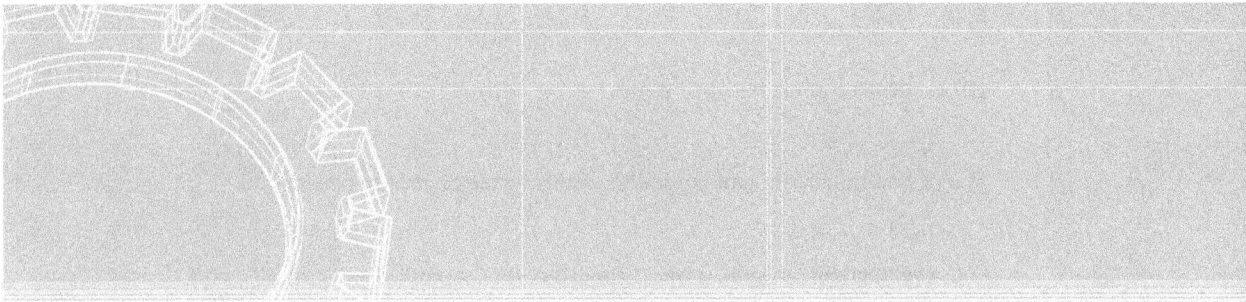

N.B. Ici, on ne trouvera aucun exercice faisant intervenir des pointeurs, et par conséquent aucun exercice mettant en œuvre une transmission d'arguments par adresse. De tels exercices apparaîtront dans le chapitre suivant.

Exercice **29**

Énoncé

a) Que fournit le programme suivant :

```
#include <stdio.h>
main()
{
    int n, p=5 ;
    n = fct (p) ;
    printf ("p = %d, n = %d\n", p, n) ;
}
```

```
int fct (int r)
{  return 2*r ;
}
```

b) Ajouter une déclaration convenable de la fonction `fct` :

   – sous la forme la plus brève possible (suivant la norme ANSI) ;

   – sous forme d'un « prototype ».

Solution

a) Bien qu'il ne possède pas de déclaration de la fonction `fct`, le programme `main` est correct. En effet, la norme ANSI autorise qu'une fonction ne soit pas déclarée, auquel cas elle est considérée comme fournissant un résultat de type `int`. Cette facilité est toutefois fortement déconseillée (et elle ne sera plus acceptée de C++). Voici les résultats fournis par le programme :

```
p = 5, n = 10
```

b) La déclaration la plus brève sera :

```
int fct () ;
```

La déclaration (vivement conseillée), sous forme de prototype sera :

```
int fct (int) ;
```

ou, éventuellement, sous forme d'un prototype « complet » :

```
int fct (int r) ;
```

Dans ce dernier cas, le nom `r` n'a aucune signification : on utilise souvent le même nom (lorsqu'on le connaît!) que dans l'en-tête de la fonction, mais il pourrait s'agir de n'importe quel autre nom de variable).

Exercice **30**

Énoncé

Écrire :

• une fonction, nommée `f1`, se contentant d'afficher « `bonjour` » (elle ne possédera aucun argument, ni valeur de retour) ;

• une fonction, nommée `f2`, qui affiche « `bonjour` » un nombre de fois égal à la valeur reçue en argument (`int`) et qui ne renvoie aucune valeur ;

• une fonction, nommée `f3`, qui fait la même chose que `f2`, mais qui, de plus, renvoie la valeur (`int`) 0.

© Éditions Eyrolles

Écrire un petit programme appelant successivement chacune de ces 3 fonctions, après les avoir convenablement déclarées sous forme d'un prototype.

Solution

```c
#include <stdio.h>

void f1 (void)
{
   printf ("bonjour\n") ;
}

void f2 (int n)
{
   int i ;
   for (i=0 ; i<n ; i++)
      printf ("bonjour\n") ;
}

int f3 (int n)
{
   int i ;
   for (i=0 ; i<n ; i++)
      printf ("bonjour\n") ;
   return 0 ;
}

main()
{
   void f1 (void) ;
   void f2 (int) ;
   int f3 (int) ;
   f1 () ;
   f2 (3) ;
   f3 (3) ;
}
```

Exercice 31

Énoncé

Quels résultats fournira ce programme :

```c
#include <stdio.h>
int n=10, q=2 ;
```

```
main()
{
   int fct (int) ;
   void f (void) ;
   int n=0, p=5 ;
   n = fct(p) ;
   printf ("A : dans main, n = %d, p = %d, q = %d\n", n, p, q) ;
   f() ;
}

int fct (int p)
{
   int q ;
   q = 2 * p + n ;
   printf ("B : dans fct,  n = %d, p = %d, q = %d\n", n, p, q) ;
   return q ;
}

void f (void)
{
   int p = q * n ;
   printf ("C : dans f,    n = %d, p = %d, q = %d\n", n, p, q) ;
}
```

Solution

```
B : dans fct,  n = 10, p = 5, q = 20
A : dans main, n = 20, p = 5, q = 2
C : dans f,    n = 10, p = 20, q = 2
```

Exercice 32

Énoncé

Écrire une fonction qui reçoit en arguments 2 nombres flottants et un caractère et qui fournit un résultat correspondant à l'une des 4 opérations appliquées à ses deux premiers arguments, en fonction de la valeur du dernier, à savoir : addition pour le caractère +, soustraction pour -, multiplication pour * et division pour / (tout autre caractère que l'un des 4 cités sera interprété comme une addition). On ne tiendra pas compte des risques de division par zéro.

Écrire un petit programme (main) utilisant cette fonction pour effectuer les 4 opérations sur deux nombres fournis en donnée.

Solution

```
#include <stdio.h>

float oper (float v1, float v2, char op)
{   float res ;
    switch (op)
    { case '+' : res = v1 + v2 ;
                 break ;
```

© Éditions Eyrolles

```
                case '-' : res = v1 - v2 ;
                           break ;
                case '*' : res = v1 * v2 ;
                           break ;
                case '/' : res = v1 / v2 ;
                           break ;
                default  : res = v1 + v2 ;
            }
        return res ;
    }


main()
{
    float oper (float, float, char) ;        /* prototype de oper */
    float x, y ;

    printf ("donnez deux nombres réels : ") ;
    scanf ("%e %e", &x, &y) ;

    printf ("leur somme est :      %e\n", oper (x, y, '+') ) ;
    printf ("leur différence est : %e\n", oper (x, y, '-') ) ;
    printf ("leur produit est :    %e\n", oper (x, y, '*') ) ;
    printf ("leur quotient est :   %e\n", oper (x, y, '/') ) ;
}
```

Exercice 33

Énoncé

Transformer le programme (fonction + main) écrit dans l'exercice précédent de manière que la fonction ne dispose plus que de 2 arguments, le caractère indiquant la nature de l'opération à effectuer étant précisé, cette fois, à l'aide d'une variable globale.

Solution
```
#include <stdio.h>

char op ;        /* variable globale pour la nature de l'opération */
                 /*  attention : doit être déclarée avant d'être utilisée */

float oper (float v1, float v2)
{   float res ;
    switch (op)
    { case '+' : res = v1 + v2 ;
                 break ;
```

```
           case '-' : res = v1 - v2 ;
                      break ;
           case '*' : res = v1 * v2 ;
                      break ;
           case '/' : res = v1 / v2 ;
                      break ;
           default  : res = v1 + v2 ;
         }
       return res ;
     }


main()
{
    float oper (float, float) ;        /* prototype de oper */
    float x, y ;
    printf ("donnez deux nombres réels : ") ;
    scanf ("%e %e", &x, &y) ;
    op = '+' ;
    printf ("leur somme est :       %e\n", oper (x, y) ) ;
    op = '-' ;
    printf ("leur différence est : %e\n", oper (x, y) ) ;
    op = '*' ;
    printf ("leur produit est :     %e\n", oper (x, y) ) ;
    op = '/' ;
    printf ("leur quotient est :    %e\n", oper (x, y) ) ;
}
```

Remarque

Il s'agissait ici d'un exercice d'« école » destiné à forcer l'utilisation d'une variable globale. Dans la pratique, on évitera le plus possible ce genre de programmation qui favorise trop largement les risques d'« effets de bord ».

Exercice **34**

Énoncé

Écrire une fonction, sans argument ni valeur de retour, qui se contente d'afficher, à chaque appel, le nombre total de fois où elle a été appelée sous la forme :

```
appel numéro 3
```

© Éditions Eyrolles

Solution La meilleure solution consiste à prévoir, au sein de la fonction en question, une variable de classe statique. Elle sera initialisée une seule fois à zéro (ou à toute autre valeur éventuellement explicitée) au début de l'exécution du programme. Ici, nous avons, de plus, prévu un petit programme d'essai.

```
#include <stdio.h>

void fcompte (void)
{
   static int i ;      /* il est inutile, mais pas défendu, d'écrire i=0 */
   i++ ;
   printf ("appel numéro %d\n", i) ;
}

     /* petit programme d'essai de fcompte */
main()
{  void fcompte (void) ;
   int i ;
   for (i=0 ; i<3 ; i++) fcompte () ;
}
```

Là encore, la démarche consistant à utiliser comme compteur d'appels une variable globale (qui devrait alors être connue du programme utilisateur) est à proscrire.

Exercice 35

Énoncé

Écrire 2 fonctions à un argument entier et une valeur de retour entière permettant de préciser si l'argument reçu est multiple de 2 (pour la première fonction) ou multiple de 3 (pour la seconde fonction).

Utiliser ces deux fonctions dans un petit programme qui lit un nombre entier et qui précise s'il est pair, multiple de 3 et/ou multiple de 6, comme dans cet exemple (il y a deux exécutions) :

```
donnez un entier : 9
il est multiple de 3

---------------
donnez un entier : 12
il est pair
il est multiple de 3
il est divisible par 6
```

```
#include <stdio.h>

int mul2 (int n)
{
    if (n%2) return 0 ;
        else return 1 ;
}

int mul3 (int n)
{
    if (n%3) return 0 ;
        else return 1 ;
}

main()
{
    int mul2 (int) ;
    int mul3 (int) ;
    int n ;
    printf ("donnez un entier : ") ;
    scanf ("%d", &n) ;
    if (mul2(n))            printf ("il est pair\n") ;
    if (mul3(n))            printf ("il est multiple de 3\n") ;
    if (mul2(n) && mul3(n)) printf ("il est divisible par 6\n") ;
}
```

© Éditions Eyrolles

Chapitre 5
Tableaux et pointeurs

Exercice 36

Énoncé

Quels résultats fournira ce programme :

```
#include <stdio.h>

main()
{
   int t [3] ;
   int i, j ;
   int * adt ;

   for (i=0, j=0 ; i<3 ; i++) t[i] = j++ + i ;          /* 1 */

   for (i=0 ; i<3 ; i++) printf ("%d ", t[i]) ;         /* 2 */
   printf ("\n") ;
```

```
    for (i=0 ; i<3 ; i++) printf ("%d ", *(t+i)) ;          /* 3 */
    printf ("\n") ;

    for (adt = t ; adt < t+3 ; adt++) printf ("%d ", *adt) ;  /* 4 */
    printf ("\n") ;

    for (adt = t+2 ; adt>=t ; adt--) printf ("%d ", *adt) ;   /* 5 */
    printf ("\n") ;
}
```

Solution

/* 1 */ remplit le tableau avec les valeurs 0 (0+0), 2 (1+1) et 4 (2+2) ; on obtiendrait plus simplement le même résultat avec l'expression 2*i.

/* 2 */ affiche classiquement les valeurs du tableau t, dans l'ordre naturel.

/* 3 */ fait la même chose, en utilisant le formalisme pointeur au lieu du formalisme tableau. Ainsi, *(t+i) est parfaitement équivalent à t[i].

/* 4 */ fait la même chose, en utilisant la lvalue adt (à laquelle on a affecté initialement l'adresse t du tableau) et en l'incrémentant pour parcourir les différentes adresses des 4 éléments du tableau.

/* 5 */ affiche les valeurs de t, à l'envers, en utilisant le même formalisme pointeur que dans 4. On aurait pu écrire, de façon équivalente :

```
    for (i=2 ; i>=0 ; i--) printf ("%d ", t[i]) ;
```

Voici les résultats fournis par ce programme :

```
0 2 4
0 2 4
0 2 4
4 2 0
```

Exercice 37

Énoncé

Écrire, de deux façons différentes, un programme qui lit 10 nombres entiers dans un tableau avant d'en rechercher le plus grand et le plus petit :

a) en utilisant uniquement le « formalisme tableau » ;

b) en utilisant le « formalisme pointeur », à chaque fois que cela est possible.

© Éditions Eyrolles

Solution

a) La programmation est, ici, classique. Nous avons simplement défini un symbole NVAL destiné à contenir le nombre de valeurs du tableau. Notez bien que la déclaration int t[NVAL] est acceptée puisque NVAL est une « expression constante ». En revanche, elle ne l'aurait pas été si nous avions défini ce symbole NVAL par une « constante symbolique » (const int NVAL = 10).

```
#include <stdio.h>
#define NVAL 10                /* nombre de valeurs du tableau */
main()
{   int i, min, max ;
    int t[NVAL] ;

    printf ("donnez %d valeurs\n", NVAL) ;
    for (i=0 ; i<NVAL ; i++) scanf ("%d", &t[i]) ;

    max = min = t[0] ;
    for (i=1 ; i<NVAL ; i++)
      { if (t[i] > max) max = t[i] ;      /* ou max = t[i]>max ? t[i] : max */
        if (t[i] < min) min = t[i] ;      /* ou min = t[i]<min ? t[i] : min */
      }

    printf ("valeur max : %d\n", max) ;
    printf ("valeur min : %d\n", min) ;
}
```

b) On peut remplacer systématiquement, t[i] par *(t+i)./ De plus, dans scanf, on peut remplacer &t[i] par t+i. Voici finalement le programme obtenu :

```
#include <stdio.h>
#define NVAL 10                /* nombre de valeurs du tableau */
main()
{   int i, min, max ;
    int t[NVAL] ;

    printf ("donnez %d valeurs\n", NVAL) ;
    for (i=0 ; i<NVAL ; i++) scanf ("%d", t+i) ; /* attention t+i et non *(t+i) */

    max = min = *t ;
    for (i=1 ; i<NVAL ; i++)
      { if (*(t+i) > max) max = *(t+i) ;
        if (*(t+i) < min) min = *(t+i) ;
      }

    printf ("valeur max : %d\n", max) ;
    printf ("valeur min : %d\n", min) ;
}
```

Exercice 38

Énoncé

Soient deux tableaux t1 et t2 déclarés ainsi :

```
float t1[10], t2[10] ;
```

Écrire les instructions permettant de recopier, dans t1, tous les éléments positifs de t2, en complétant éventuellement t1 par des zéros. Ici, on ne cherchera pas à fournir un programme complet et on utilisera systématiquement le formalisme tableau.

Solution

On peut commencer par remplir t1 de zéros, avant d'y recopier les éléments positifs de t2 :

```
int i, j ;
for (i=0 ; i<10 ; i++) t1[i] = 0 ;
    /* i sert à pointer dans t1 et j dans t2 */
for (i=0, j=0 ; j<10 ; j++)
    if (t2[j] > 0) t1[i++] = t2[j] ;
```

Mais, on peut recopier d'abord dans t1 les éléments positifs de t2, avant de compléter éventuellement par des zéros. Cette deuxième formulation, moins simple que la précédente, se révélerait toutefois plus efficace sur de grands tableaux :

```
int i, j ;
for (i=0, j=0 ; j<10 ; j++)
    if (t2[j] > 0) t1[i++] = t2[j] ;
for (j=i ; j<10 ; j++) t1[j] = 0 ;
```

Exercice 39

Énoncé

Quels résultats fournira ce programme :

```
#include <stdio.h>
main()
{ int t[4] = {10, 20, 30, 40} ;
  int * ad [4] ;
  int i ;
  for (i=0 ; i<4 ; i++)  ad[i] = t+i ;                 /* 1 */
  for (i=0 ; i<4 ; i++) printf ("%d ", * ad[i]) ;      /* 2 */
  printf ("\n") ;
  printf ("%d %d \n", * (ad[1] + 1), * ad[1] + 1) ;    /* 3 */
}
```

© Éditions Eyrolles

Solution

Le tableau ad est un tableau de 4 éléments ; chacun de ces éléments est un pointeur sur un int. L'instruction /* 1 */ remplit le tableau *ad* avec les adresses des 4 éléments du tableau t. L'instruction /* 2 */ affiche finalement les 4 éléments du tableau t ; en effet, * ad[i] représente la valeur située à l'adresse ad[i]. /* 2 */ est équivalente ici à :

```
for (i=0 ; i<4 ; i++) printf ("%d", t[i]) ;
```

Enfin, dans l'instruction /* 3 */, *(ad[1] + 1) représente la valeur située à l'entier suivant celui d'adresse ad[1] ; il s'agit donc de t[2]. En revanche, *ad[1] + 1 représente la valeur située à l'adresse ad[1] augmentée de 1, autrement dit t[1] + 1.

Voici, en définitive, les résultats fournis par ce programme :

```
10 20 30 40
30 21
```

Exercice **40**

Énoncé

Soit le tableau t déclaré ainsi :

```
            float t[3] [4] ;
```

Écrire les (seules) instructions permettant de calculer, dans une variable nommée som, la somme des éléments de t :

   a) en utilisant le « formalisme usuel des tableaux à deux indices » ;

   b) en utilisant le « formalisme pointeur ».

Solution

a) La première solution ne pose aucun problème particulier :

```
int i, j ;
som = 0 ;
for (i=0 ; i<3 ; i++)
   for (j=0 ; j<4 ; j++)
      som += t[i] [j] ;
```

b) Le formalisme pointeur est ici moins facile à appliquer que dans le cas des tableaux à un indice. En effet, avec, par exemple, float t[4], t est de type int * et il correspond à un pointeur sur le premier élément du tableau. Il suffit donc d'incrémenter convenablement t pour parcourir tous les éléments du tableau.

En revanche, avec notre tableau float t [3] [4], t est du type pointeur sur des **tableaux de 4 flottants** (type : * float[4]). La notation *(t+i) est généralement inutilisable sous cette forme puisque, d'une part, elle correspond à des valeurs de tableaux de

4 flottants et que, d'autre part, l'incrément i porte, non plus sur des flottants, mais sur des blocs de 4 flottants ; par exemple, t+2 représente l'adresse du huitième flottant, compté à partir de celui d'adresse t.

Une solution consiste à « convertir » la valeur de t en un pointeur de type float *. On pourrait se contenter de procéder ainsi :

```
float * adt ;
   .....
adt = t ;
```

En effet, dans ce cas, l'affectation entraîne une conversion forcée de t en float *, ce qui ne change pas l'adresse correspondante (seule la nature du pointeur a changé).

Cela n'est vrai que parce que l'on passe de pointeurs sur des groupes d'éléments à un pointeur sur ces éléments. Autrement dit, aucune contrainte d'alignement ne risque de nuire ici. Il n'en irait pas de même, par exemple, pour des conversions de char * en int *.

Généralement, on y gagnera en lisibilité en explicitant la conversion mise en œuvre à l'aide de l'opérateur de cast. Notez que, d'une part, cela peut éviter certains messages d'avertissement (*warnings*) de la part du compilateur.

Voici finalement ce que pourraient être les instructions demandées :

```
int i ;
int * adt ;
som = 0 ;
adt = (float *) t ;
for (i=0 ; i<12 ; i++)
   som += * (adt+i);
```

Exercice **41**

Énoncé

Écrire une fonction qui fournit en valeur de retour la somme des éléments d'un tableau de flottants transmis, ainsi que sa dimension, en argument.

Écrire un petit programme d'essai.

Solution

En ce qui concerne le tableau de flottants reçu en argument, il ne peut être transmis que par adresse. Quant au nombre d'éléments (de type int), nous le transmettrons classiquement par valeur. L'en-tête de notre fonction pourra se présenter sous l'une des formes suivantes :

© Éditions Eyrolles

```
float somme (float t[], int n)
float somme (float * t, int n)
float somme (float t[5], int n)     /* déconseillé car laisse croire que t */
                                    /*     est de dimension fixe 5          */
```

En effet, la dimension réelle de t n'a aucune incidence sur les instructions de la fonction elle-même (elle n'intervient pas dans le calcul de l'adresse d'un élément du tableau[1] et elle ne sert pas à « allouer » un emplacement puisque le tableau en question aura été alloué dans la fonction appelant somme).

Voici ce que pourrait être la fonction demandée :

```
float somme (float t[], int n)   /* on pourrait écrire somme (float * t, ... */
                                 /*           ou encore somme (float t[4], ... */
                                 /*           mais pas  somme (float t[n], ... */
{   int i ;
    float s = 0 ;
    for (i=0 ; i<n ; i++)
      s += t[i] ;                            /* on pourrait écrire s += * (t+i) ; */
    return s ;
}
```

Pour ce qui est du programme d'utilisation de la fonction somme, on peut, là encore, écrire le « prototype » sous différentes formes :

```
float somme (float [], int ) ;
float somme (float * , int ) ;
float somme (float [5], int ) ;   /* déconseillé car laisse croire que t */
                                  /*     est de dimension fixe 5          */
```

Voici un exemple d'un tel programme :

```
#include <stdio.h>
main()
{
    float somme (float *, int) ;
    float t[4] = {3, 2.5, 5.1, 3.5} ;
    printf ("somme de t : %f\n", somme (t, 4) ) ;
}
```

---

1. Il n'en irait pas de même pour des tableaux à plusieurs indices.

Exercice **42**

Énoncé

Écrire une fonction qui ne renvoie aucune valeur et qui détermine la valeur maximale et la valeur minimale d'un tableau d'entiers (à un indice) de taille quelconque. Il faudra donc prévoir 4 arguments : le tableau, sa dimension, le maximum et le minimum.

Écrire un petit programme d'essai.

Solution

En langage C, un tableau ne peut être transmis que par adresse (en toute rigueur, C n'autorise que la transmission par valeur mais, dans le cas d'un tableau, on transmet une valeur de type pointeur qui n'est rien d'autre que l'adresse du tableau !). En ce qui concerne son nombre d'éléments, on peut indifféremment en transmettre l'adresse (sous forme d'un pointeur de type int *), ou la valeur ; ici, la seconde solution est la plus normale.

En revanche, en ce qui concerne le maximum et le minimum, ils ne peuvent pas être transmis par valeur, puisqu'ils doivent précisément être déterminés par la fonction. Il faut donc obligatoirement prévoir de passer des pointeurs sur des float. L'en-tête de notre fonction pourra donc se présenter ainsi (nous ne donnons plus toutes les écritures possibles) :

```
void maxmin (int t[], int n, int * admax, int * admin)
```

L'algorithme de recherche de maximum et de minimum peut être calqué sur celui de l'exercice 37, en remplaçant max par *admax et min par *admin. Cela nous conduit à la fonction suivante :

```
void maxmin (int t[], int n, int * admax, int * admin)
{
    int i ;
    *admax = t[1] ;
    *admin = t[1] ;
    for (i=1 ; i<n ; i++)
       { if (t[i] > *admax) *admax = t[i] ;
         if (t[i] < *admin) *admin = t[i] ;
       }
}
```

Si l'on souhaite éviter les « indirections » qui apparaissent systématiquement dans les instructions de comparaison, on peut travailler temporairement sur des variables locales à la fonction (nommées ici max et min). Cela nous conduit à une fonction de la forme suivante :

```
void maxmin (int t[], int n, int * admax, int * admin)
{
    int i, max, min ;
    max = t[1] ;
    min = t[1] ;
```

© Éditions Eyrolles

```
     for (i=1 ; i<n ; i++)
        {  if (t[i] > max) max = t[i] ;
           if (t[i] < min) min = t[i] ;
        }
     *admax = max ;
     *admin = min ;
  }
```

Voici un petit exemple de programme d'utilisation de notre fonction :

```
#include <stdio.h>
main()
{
   void maxmin (int [], int, int *, int *) ;
   int t[8] = { 2, 5, 7, 2, 9, 3, 9, 4} ;
   int max, min ;
   maxmin (t, 8, &max, &min) ;
   printf ("valeur maxi : %d\n", max) ;
   printf ("valeur mini : %d\n", min) ;
}
```

Exercice 43

Énoncé

Écrire une fonction qui fournit en retour la somme des valeurs d'un tableau de flottants à deux indices dont les dimensions sont fournies en argument.

Solution

Par analogie avec ce que nous avions fait dans l'exercice 41, nous pourrions songer à déclarer le tableau concerné dans l'en-tête de la fonction sous la forme t[][]. Mais, cela n'est plus possible car, cette fois, pour déterminer l'adresse d'un élément t[i][j] d'un tel tableau, le compilateur doit en connaître la deuxième dimension.

Une solution consiste à considérer qu'on reçoit un pointeur (de type float*) sur le début du tableau et d'en parcourir tous les éléments (au nombre de n*p si n et p désignent les dimensions du tableau) comme si l'on avait affaire à un tableau à une dimension.

Cela nous conduit à cette fonction :

```
float somme (float * adt, int n, int p)
{
   int i ;
   float s ;
   for (i=0 ; i<n*p ; i++)  s += adt[i] ;       /* ou s += *(adt+i) */
   return s ;
}
```

Pour utiliser une telle fonction, la seule difficulté consiste à lui transmettre effectivement l'adresse de début du tableau, sous la forme d'un pointeur de type int *. Or, avec, par exemple t[3][4], t, s'il correspond bien à la bonne adresse, est du type « pointeur sur des tableaux de 4 flottants ». A priori, toutefois, compte tenu de la présence du prototype, la conversion voulue sera mise en œuvre automatiquement par le compilateur. Toutefois, comme nous l'avons déjà dit dans l'exercice 40, on y gagnera en lisibilité (et en éventuels messages d'avertissement !) en faisant appel à l'opérateur de « cast ».

Voici finalement un exemple d'un tel programme d'utilisation de notre fonction :

```
#include <stdio.h>
main()
{
    float somme (float *, int, int) ;
    float t[3] [4] = { {1,2,3,4}, {5,6,7,8}, {9,10,11,12} } ;
    printf ("somme : %f\n", somme ((float *)t, 3, 4) ) ;
}
```

© Éditions Eyrolles

Chapitre 6
Les chaînes de caractères

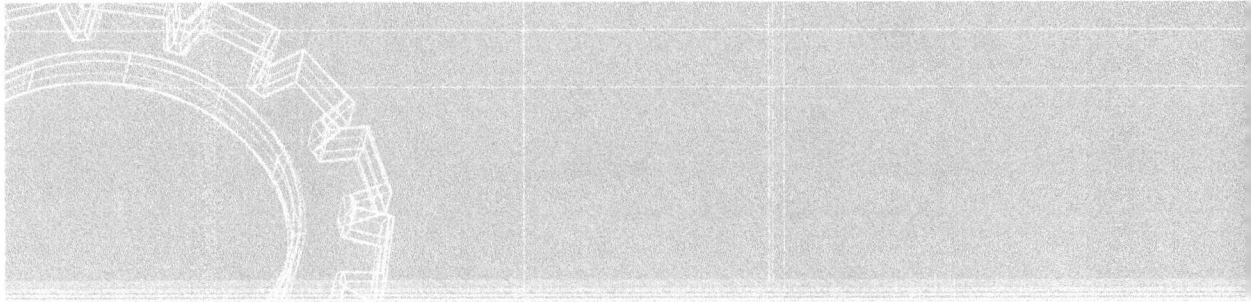

Exercice **44**

Énoncé

Quels résultats fournira ce programme :

```c
#include <stdio.h>
main()
{
    char * ad1 ;
    ad1 = "bonjour" ;
    printf ("%s\n", ad1) ;
    ad1 = "monsieur" ;
    printf ("%s\n", ad1) ;
}
```

Solution

L'instruction ad1 = "bonjour" place dans la variable ad1 l'adresse de la chaîne cons-tante "bonjour". L'instruction printf ("%s\n", ad1) se contente d'afficher la valeur de la chaîne dont l'adresse figure dans ad1, c'est-à-dire, en l'occurrence "bonjour". De manière comparable, l'instruction ad1 = "monsieur" place l'adresse de la chaîne constante "monsieur" dans ad1 ; l'instruction printf ("%s\n", ad1) affiche la valeur de la chaîne ayant maintenant l'adresse contenue dans ad1, c'est-à-dire maintenant "monsieur".

Finalement, ce programme affiche tout simplement :

```
bonjour
monsieur
```

On aurait obtenu plus simplement le même résultat en écrivant :

```
printf ("bonjour\nmonsieur\n") ;
```

Exercice **45**

Énoncé

Quels résultats fournira ce programme :
```
#include <stdio.h>
main()
{
   char * adr = "bonjour" ;                /* 1 */
   int i ;
   for (i=0 ; i<3 ; i++) putchar (adr[i]) ;  /* 2 */
   printf ("\n") ;
   i = 0 ;
   while (adr[i]) putchar (adr[i++]) ;      /* 3 */
}
```

Solution

La déclaration /* 1 */ place dans la variable adr, l'adresse de la chaîne constante bonjour. L'instruction /* 2 */ affiche les caractères adr[0], adr[1] et adr[2], c'est-à-dire les 3 premiers caractères de cette chaîne. L'instruction /* 3 */ affiche tous les caractères à partir de celui d'adresse adr, tant que l'on a pas affaire à un caractère nul ; comme notre chaîne "bonjour" est précisément terminée par un tel caractère nul, cette ins-truction affiche finalement, un par un, tous les caractères de "bonjour".

En définitive, le programme fournit simplement les résultats suivants :

```
bon
bonjour
```

© Éditions Eyrolles

Exercice **46**

Énoncé

Écrire le programme précédent (exercice 45), **sans utiliser le « formalisme tableau »** (il existe plusieurs solutions).

Solution   Voici deux solutions possibles :

a) On peut remplacer systématiquement la notation `adr[i]` par `*(adr+i)`, ce qui conduit à ce programme :

```
#include <stdio.h>
main()
{
    char * adr = "bonjour" ;
    int i ;
    for (i=0 ; i<3 ; i++) putchar (*(adr+i)) ;
    printf ("\n") ;
    i = 0 ;
    while (adr[i]) putchar (*(adr+i++)) ;
}
```

b) On peut également parcourir notre chaîne, non plus à l'aide d'un « indice » `i`, mais en incrémentant un pointeur de type `char *` : il pourrait s'agir tout simplement de `adr`, mais généralement, on préférera ne pas détruire cette information et en employer une copie :

```
#include <stdio.h>
main()
{
    char * adr = "bonjour" ;
    char * adb ;
    for (adb=adr ; adb<adr+3 ; adb++) putchar (*adb) ;
    printf ("\n") ;
    adb = adr ;
    while (*adb) putchar (*(adb++)) ;
}
```

Notez bien que si nous incrémentions directement `adr` dans la première instruction d'affichage, nous ne disposerions plus de la « bonne adresse » pour la deuxième instruction d'affichage.

Exercice **47**

Énoncé

Écrire un programme qui demande à l'utilisateur de lui fournir un nombre entier entre 1 et 7 et qui affiche le nom du jour de la semaine ayant le numéro indiqué (lundi pour 1, mardi pour 2, ... dimanche pour 7).

Solution

Une démarche consiste à créer un « tableau de 7 pointeurs sur des chaînes », correspondant chacune au nom d'un jour de la semaine. Comme ces chaînes sont ici constantes, il est possible de créer un tel tableau par une déclaration comportant une initialisation de la forme :

```
char * jour [7] = { "lundi", "mardi", ...
```

N'oubliez pas alors que jour[0] contiendra l'adresse de la première chaîne, c'est-à-dire l'adresse de la chaîne constante "lundi" ; jour[1] contiendra l'adresse de "mardi"...

Pour afficher la valeur de la chaîne de rang i, il suffit de remarquer que son adresse est simplement jour[i-1].

D'où le programme demandé :

```
#include <stdio.h>
main()
{
   char * jour [7] = { "lundi",    "mardi",   "mercredi", "jeudi",
                       "vendredi", "samedi", "dimanche"
                     } ;
   int i ;
   do
      { printf ("donnez un nombre entier entre 1 et 7 : ") ;
        scanf ("%d", &i) ;
      }
   while ( i<=0 || i>7) ;
   printf ("le jour numéro %d de la semaine est %s", i, jour[i-1]) ;
}
```

Exercice **48**

Énoncé

Écrire un programme qui lit deux nombres entiers fournis obligatoirement sur une même ligne. Le programme ne devra pas « se planter » en cas de réponse incorrecte (caractères invalides) comme le ferait scanf ("%d %d", ...) mais simplement afficher un message et redemander une autre réponse. Il devra en aller de même lorsque la réponse fournie ne comporte pas assez d'informations. En revanche, lorsque la réponse comportera trop d'informations, les dernières devront être ignorées.

© Éditions Eyrolles

Le traitement (demande de 2 nombres et affichage) devra se poursuivre jusqu'à ce que le premier nombre fourni soit 0.

Voici un exemple d'exécution d'un tel programme :

```
--- donnez deux entiers : é
réponse erronée - redonnez-la : 2 15
merci pour 2 15
--- donnez deux entiers : 5
réponse erronée - redonnez-la : 4 12
merci pour 4 12
--- donnez deux entiers : 4 8 6 9
merci pour 4 8
--- donnez deux entiers : 5 é3
réponse erronée - redonnez-la : 5 23
merci pour 5 23
--- donnez deux entiers : 0 0
merci pour 0 0
```

Remarque

On peut utiliser les fonctions gets et sscanf.

Solution

Comme le suggère la remarque de l'énoncé, on peut résoudre les problèmes posés en effectuant en deux temps la lecture d'un couple d'entiers :

- lecture d'une chaîne de caractères (c'est-à-dire une suite de caractères **absolument quelconques**, validée par "return") avec la fonction gets,

- « décodage » de cette chaîne avec sscanf, suivant un « format », d'une manière comparable à ce que ferait scanf, à partir de son « tampon d'entrée ».

Rappelons que sscanf, tout comme scanf, fournit en retour le nombre d'informations correctement lues, de sorte qu'il suffit de répéter les deux opérations précédentes jusqu'à ce que la valeur fournie par sscanf soit égale à 2.

L'énoncé ne fait aucune hypothèse sur le nombre maximal de caractères que l'utilisateur pourra être amené à fournir. Ici, nous avons supposé qu'au plus 128 caractères seraient fournis ; il s'agit là d'une hypothèse qui, dans la pratique, s'avère réaliste, dans la mesure où on risque rarement de frapper des lignes plus longues ; de surcroît, il s'agit même d'une limitation « naturelle » de certains environnements (DOS, en particulier).

Voici le programme demandé :

```
#include <stdio.h>
#define LG 128           /* longueur maximale d'une ligne */
main()
{
    int n1, n2 ;          /* entiers à lire en donnée */
    int compte ;          /* pour la valeur de retour de sscanf */
    char ligne [LG+1] ;   /* pour lire une ligne (+1 pour \0) */
```

```
                     /* boucle de lecture des différents couples de valeurs */
          do
            {   /* boucle de lecture d'un couple de valeur jusqu'à OK */
              printf ("--- donnez deux entiers : ") ;
              do
              {  gets (ligne) ;
                 compte = sscanf (ligne, "%d %d", &n1, &n2) ;
                 if (compte<2) printf ("réponse erronée - redonnez-la : ") ;
              }
              while (compte < 2) ;
              printf ("merci pour %d %d\n", n1, n2) ;
            }
          while (n1) ;
        }
```

Remarques

1. Si l'utilisateur fournit plus de caractères qu'il n'en faut pour former 2 nombres entiers, ces caractères (lus dans `ligne`) ne seront pas utilisés par `sscanf` ; malgré tout, ils ne seront pas exploités ultérieurement puisque, lorsque l'on redemandera 2 nouveaux entiers, on relira une nouvelle chaîne par `gets`.

2. Si l'on souhaite absolument pouvoir limiter la longueur de la chaîne lue au clavier, en utilisant des instructions « portables », il faut se tourner vers la fonction `fgets` destinée à lire une chaîne dans un fichier, et l'appliquer à `stdin`. (Mais, si vous réalisez ces exercices en accompagnement d'un cours de langage C, il est probable que vous n'aurez pas encore étudié la fonction `fgets` généralement introduite dans le chapitre relatif au traitement des fichiers.) On remplacera l'instruction `gets (ligne)` par `fgets (ligne, LG, stdin)` qui limitera à `LG` le nombre de caractères pris en compte. Notez toutefois que, dans ce cas, les caractères excédentaires (et donc non « vus » par `fgets`) resteront disponibles pour une prochaine lecture (ce qui n'est pas pire que dans la situation actuelle où ces caractères viendraient écraser des emplacements mémoire situés au-delà du tableau `ligne` !).

Dans certaines implémentations (Microsoft, Borland Inprise…), il existe une fonction (non portable, puisque non prévue par la norme ANSI) nommée `cgets` qui, utilisée à la place de `gets` (ou `fgets`) permet de régler le problème évoqué. En effet, `cgets` permet de lire une chaîne, en limitant le nombre de caractères effectivement fournis au clavier : il n'est pas possible à l'utilisateur d'en entrer plus que prévu, de sorte que le risque de caractères excédentaires n'existe plus !

© Éditions Eyrolles

Exercice **49**

Énoncé

Écrire un programme déterminant le nombre de lettres e (minuscule) contenues dans un texte fourni en donnée sous forme d'une seule ligne ne dépassant pas 128 caractères. On cherchera ici à n'utiliser aucune des fonctions de traitement de chaîne.

Compte tenu des contraintes imposées par l'énoncé, nous ne pouvons pas faire appel à la fonction `strlen`. Pour « explorer » notre chaîne, nous utiliserons le fait qu'elle est terminée par un caractère nul (\0). D'où le programme proposé :

```
#define LG_LIG 128
#include <stdio.h>
main()
{
    char ligne [LG_LIG+1] ;   /* pour lire une ligne au clavier   +1 pour \0 */
    int i ;                   /* pour explorer les différents caractères de ligne */
    int ne ;                  /* pour compter le nombre de 'e' */

    printf ("donnez un texte de moins d'une ligne : \n") ;
    gets (ligne) ;

    ne = 0 ;
    i = 0 ;
    while (ligne[i])  if (ligne[i++] == 'e') ne++ ;

    printf ("votre texte comporte %d lettres e", ne) ;
}
```

Exercice **50**

Énoncé

Écrire un programme qui lit, en donnée, un verbe du premier groupe et qui en affiche la conjugaison au présent de l'indicatif, sous la forme :

```
je chante
tu chantes
il chante
nous chantons
vous chantez
ils chantent
```

> On s'assurera que le mot fourni se termine bien par « er ». On supposera qu'il s'agit d'un verbe régulier ; autrement dit, on admettra que l'utilisateur ne fournira pas un verbe tel que manger (le programme afficherait alors : nous mangons !).

Solution

On lira « classiquement » un mot, sous forme d'une chaîne à l'aide de la fonction `gets`. Pour vérifier sa terminaison par « er », on comparera avec la chaîne constante `"er"`, la chaîne ayant comme adresse l'adresse de fin du mot, diminuée de 2. L'adresse de fin se déduira de l'adresse de début et de la longueur de la chaîne (obtenue par la fonction `strlen`).

Quant à la comparaison voulue, elle se fera à l'aide de la fonction `strcmp` ; rappelons que cette dernière reçoit en argument 2 pointeurs sur des chaînes et qu'elle fournit en retour une valeur nulle lorsque les deux chaînes correspondantes sont égales et une valeur non nulle dans tous les autres cas.

Les différentes personnes du verbe s'obtiennent en remplaçant, dans la chaîne en question, la terminaison « er » par une terminaison appropriée. On peut, pour cela, utiliser la fonction `strcpy` qui recopie une chaîne donnée (ici la terminaison) à une adresse donnée (ici, celle déjà utilisée dans `strcmp` pour vérifier que le verbe se termine bien par « er »).

Les différentes terminaisons possibles seront rangées dans un tableau de chaînes constantes (plus précisément, dans un tableau de pointeurs sur des chaînes constantes). Nous ferons de même pour les différents sujets (je, tu...) ; en revanche, ici, nous ne chercherons pas à les « concaténer » au verbe conjugué ; nous nous contentons de les écrire, au moment opportun.

Voici finalement le programme demandé :

```c
#include <stdio.h>
#include <string.h>
#define LG_VERBE 30          /* longueur maximale du verbe fourni en donnée */
main()
{ char verbe [LG_VERBE+1] ;          /* verbe à conjuguer +1 pour \0 */
  char * sujet [6] = { "je", "tu", "il", "nous", "vous", "ils"} ; /* sujets */
  char * term [6] = { "e", "es", "e", "ons", "ez", "ent" } ;   /* terminaisons */
  int i ;
  char * adterm ;                    /* pointeur sur la terminaison du verbe */

  do
    { printf ("donnez un verbe régulier du premier groupe : ") ;
      gets (verbe) ;
      adterm = verbe + strlen(verbe) - 2 ;
    }
  while (strcmp (adterm, "er") ) ;

  printf ("conjugaison à l\'indicatif présent :\n") ;
  for (i=0 ; i<6 ; i++)
    { strcpy (adterm, term[i]) ;
      printf ("%s %s\n", sujet[i], verbe) ;
    }
}
```

© Éditions Eyrolles

Rappelons que `strcpy` recopie (sans aucun contrôle) la chaîne dont l'adresse est fournie en premier argument (c'est-à-dire, en fait, tous les caractères à partir de cette adresse, jusqu'à ce que l'on rencontre un \0) à l'adresse fournie en second argument ; de plus, elle complète bien le tout avec un caractère nul de fin de chaîne.

Exercice 51

Énoncé

Écrire un programme qui supprime toutes les lettres *e* (minuscule) d'un texte de moins d'une ligne (ne dépassant pas 128 caractères) fourni en donnée. On s'arrangera pour que le texte ainsi modifié soit créé en mémoire, **à la place de l'ancien.**

N.B. on pourra utiliser la fonction `strchr`.

La fonction `strchr` permet de trouver un caractère donné dans une chaîne. Elle est donc tout à fait appropriée pour localiser les `'e'` ; il faut toutefois noter que, pour localiser tous les `'e'`, il est nécessaire de répéter l'appel de cette fonction, en modifiant à chaque fois l'adresse de début de la chaîne concernée (il faut éviter de boucler sur la recherche du même caractère `'e'`).

La fonction `strchr` fournit l'adresse à laquelle on a trouvé le premier caractère indiqué (ou la valeur 0 si ce caractère n'existe pas). La suppression du `'e'` trouvé peut se faire en recopiant le reste de la chaîne à l'adresse où l'on a trouvé le `'e'`.

Voici une solution possible :

```
#include <stdio.h>
#include <string.h>

#define LG_LIG 128      /* longueur maximum d'une ligne de données */
#define CAR 'e'         /* caractère à supprimer */

main()
{
    char ligne [LG_LIG+1] ;   /* pour lire une ligne   +1 pour \0 */
    char * adr ;              /* pointeur à l'intérieur de la ligne */

    printf ("donnez un texte de moins d'une ligne : \n") ;
    gets (ligne) ;
    adr = ligne ;
    while (adr = strchr (adr,'e') ) strcpy (adr, adr+1) ;
    printf ("voici votre texte, privé des caractères %c :\n") ;
    puts (ligne) ;
}
```

Chapitre 7
Les structures

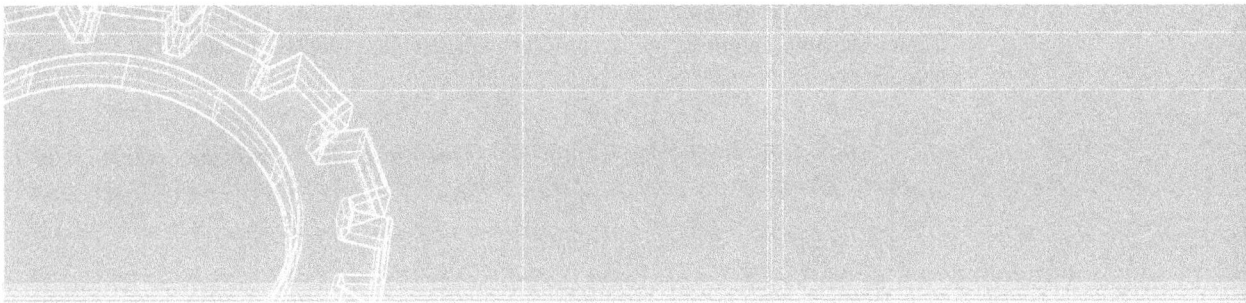

Exercice 52

Énoncé

Soit le modèle (type) de structure suivant :

```
struct s_point
{ char c ;
  int x, y ;
} ;
```

Écrire une fonction qui reçoit en argument une structure de type s_point et qui en affiche le contenu sous la forme :

```
point B de coordonnées 10 12
```

a) En transmettant en argument la **valeur** de la structure concernée ;

b) En transmettant en argument l'**adresse** de la structure concernée.

Dans les deux cas, on écrira un petit programme d'essai de la fonction ainsi réalisée.

a) Voici la fonction demandée :

```
#include <stdio.h>

void affiche (struct s_point p)
{   printf ("point %c de coordonnées %d %d\n", p.c, p.x, p.y) ;
}
```

Notez que sa compilation nécessite obligatoirement la déclaration du type s_point, c'est-à-dire les instructions :

```
struct s_point
   { char c ;
     int x, y ;
   } ;
```

Voici un petit programme qui affecte les valeurs 'A', 10 et 12 aux différents champs d'une structure nommée s, avant d'en afficher les valeurs à l'aide de la fonction précédente :

```
main()
{   void affiche (struct s_point) ;   /* déclaration (prototype) de affiche */
    struct s_point s ;
    s.c = 'A' ;
    s.x = 10 ;
    s.y = 12 ;
    affiche (s) ;
}
```

Naturellement, la remarque précédente s'applique également ici. En pratique, la déclaration de la structure s_point figurera dans un fichier d'extension h que l'on se contentera d'incorporer par #include au moment de la compilation. De même, il est nécessaire d'inclure stdio.h.

b) Voici la nouvelle fonction demandée :

```
#include <stdio.h>

void affiche (struct s_point * adp)
{   printf ("point %c de coordonnées %d %d\n", adp->c, adp->x, adp->y) ;
}
```

Notez que l'on doit, cette fois, faire appel à l'opérateur ->, à la place de l'opérateur point (.), puisque l'on travaille sur un pointeur sur une structure, et non plus sur la valeur de la structure elle-même. Toutefois l'usage de -> n'est pas totalement indispensable, dans la mesure où, par exemple, adp->x est équivalent à (*adp).x.

Voici l'adaptation du programme d'essai précédent :

```
main()
{
    void affiche (struct s_point *) ;
    struct s_point s ;
    s.c = 'A' ;
    s.x = 10 ;
    s.y = 12 ;
    affiche (&s) ;
}
```

Remarque

Au lieu d'affecter des valeurs aux champs c, x et y de notre structure s (dans les deux programmes d'essai), nous pourrions (ici) utiliser les possibilités d'initialisation offertes par le langage C, en écrivant :

```
struct s_point s = {'A', 10, 12} ;
```

Exercice 53

Énoncé

Écrire une fonction qui « met à zéro » les différents champs d'une structure du type s_point (défini dans l'exercice précédent) qui lui est transmise en argument. La fonction ne comportera pas de valeur de retour.

Solution

Ici, bien que l'énoncé ne le précise pas, il est nécessaire de transmettre à la fonction concernée, non pas la valeur, mais l'adresse de la structure à « remettre à zéro ». Voici la fonction demandée (ici, nous avons reproduit la déclaration de s_point) :

```
#include <stdio.h>
struct s_point
    { char c ;
      int x, y ;
    } ;

void raz (struct s_point * adr)
{   adr->c = 0 ;
    adr->x = 0 ;
    adr->y = 0 ;
}
```

Voici, à titre indicatif, un petit programme d'essai (sa compilation nécessite la déclaration de s_point, ainsi que le fichier stdio.h) :

```
main()
{   struct s_point p ;
    void raz (struct s_point *) ;      /* déclaration de raz */
    raz (&p) ;
                              /* on écrit c en %d pour voir son code */
    printf ("après : %d %d %d", p.c, p.x, p.y) ;
}
```

Exercice 54

Énoncé

Écrire une fonction qui reçoit en argument l'adresse d'une structure du type s_point (défini dans l'exercice 52) et qui renvoie en résultat une structure de même type correspondant à un point de même nom (c) et de coordonnées opposées.

Écrire un petit programme d'essai.

Solution

Bien que l'énoncé ne précise rien, le résultat de notre fonction ne peut être transmis que par valeur. En effet, ce résultat doit être créé au sein de la fonction elle-même ; cela signifie qu'il sera détruit dès la sortie de la fonction ; en transmettre l'adresse reviendrait à renvoyer l'adresse de quelque chose destiné à disparaître...

Voici ce que pourrait être notre fonction (ici, encore, nous avons reproduit la déclaration de s_point) :

```
#include <stdio.h>
struct s_point
   { char c ;
     int x, y ;
   } ;
struct s_point sym (struct s_point * adr)
{   struct s_point res ;
    res.c = adr->c ;
    res.x = - adr->x ;
    res.y = - adr->y ;
    return res ;
}
```

Notez la « dissymétrie » d'instructions telles que res.c = adr->c ; on y fait appel à l'opérateur . à gauche et à l'opérateur -> à droite (on pourrait cependant écrire res.c = (*adr).c).

Voici un exemple d'essai de notre fonction (ici, nous avons utilisé les possibilités d'initialisation d'une structure pour donner des valeurs à p1) :

© Éditions Eyrolles

```
main()
{
    struct s_point sym (struct s_point *) ;
    struct s_point p1 = {'P', 5, 8} ;
    struct s_point p2 ;
    p2 = sym (&p1) ;
    printf ("p1 = %c %d %d\n", p1.c, p1.x, p1.y) ;
    printf ("p2 = %c %d %d\n", p2.c, p2.x, p2.y) ;
}
```

Exercice **55**

Énoncé

Soit la structure suivante, représentant un point d'un plan :

```
struct s_point
    { char c ;
      int x, y ;
    } ;
```

1. Écrire la déclaration d'un tableau (nommé `courbe`) de `NP` points (`NP` supposé défini par une instruction `#define`).

2. Écrire une fonction (nommée `affiche`) qui affiche les valeurs des différents « points » du tableau `courbe`, transmis en argument, sous la forme :

```
point D de coordonnées 10 2
```

3. Écrire un programme qui :
   – lit en données des valeurs pour le tableau `courbe` ; on utilisera de préférence les fonctions `gets` et `sscanf`, de préférence à `scanf` (voir éventuellement l'exercice 48) ; on supposera qu'une ligne de donnée ne peut pas dépasser 128 caractères ;
   – fait appel à la fonction précédente pour les afficher.

Solution

1. Il suffit de déclarer un tableau de structures :

```
struct s_point courbe [NP] ;
```

2. Comme `courbe` est un tableau, on ne peut qu'en transmettre l'adresse en argument de `affiche`. Il est préférable de prévoir également en argument le nombre de points. Voici ce que pourrait être notre fonction :

```
void affiche (struct s_point courbe [], int np)
    /* courbe : adresse de la première structure du tableau */
    /*     (on pourrait écrire struct s_point * courbe)     */
    /* np : nombre de points de la courbe */
{
    int i ;
```

```
        for (i=0 ; i<np ; i++)
           printf ("point %c de coordonnées %d %d\n", courbe[i].c,
                                              courbe[i].x, courbe[i].x) ;
     }
```

Comme pour n'importe quel tableau à une dimension transmis en argument, il est possible de ne pas en mentionner la dimension dans l'en-tête de la fonction. Bien entendu, comme, en fait, l'identificateur courbe n'est qu'un pointeur de type s_point * (pointeur sur la première structure du tableau), nous aurions pu également écrire s_point * courbe. Notez que, comme à l'accoutumée, le « formalisme tableau » et le « formalisme pointeur » peuvent être indifféremment utilisés (voire combinés). Par exemple, notre fonction aurait pu également s'écrire :

```
void affiche (struct s_point * courbe, int np)
{
   struct s_point * adp ;
   int i ;
   for (i=0, adp=courbe ; i<np ; i++, adp++)
      printf ("point %c de coordonnées %d %d", courbe->c, courbe->x, courbe->y) ;
}
```

3. Comme nous avons appris à le faire dans l'exercice 48, nous lirons les informations relatives aux différents points à l'aide des deux fonctions :
– gets, pour lire, sous forme d'une chaîne, une ligne d'information ;
– sscanf, pour décoder suivant un format le contenu de la chaîne ainsi lue.

Voici ce que pourrait donner le programme demandé (ici, nous avons reproduit, à la fois la déclaration de s_point et la fonction affiche précédente) :

```
#include <stdio.h>
struct s_point
   { char c ;
     int x, y ;
   } ;
#define NP 10                    /* nombre de points d'une courbe */
#define LG_LIG 128               /* longueur maximale d'une ligne de donnée */
main()
{  struct s_point courbe [NP] ;
   int i ;
   char ligne [LG_LIG+1] ;
   void affiche (struct s_point [], int) ;

      /* lecture des différents points de la courbe */
   for (i=0 ; i<NP ; i++)
     { printf ("nom (1 caractère) et coordonnées point %d : ", i+1) ;
       gets (ligne) ;
       sscanf (ligne, "%c %d %d", &courbe[i].c, &courbe[i].x, &courbe[i].y) ;
     }
```

© Éditions Eyrolles

```
      affiche (courbe, NP) ;
}

void affiche (struct s_point courbe [], int np)
{
   int i ;
   for (i=0 ; i<np ; i++)
      printf ("point %c de coordonnées %d %d\n", courbe[i].c,
                                          courbe[i].x, courbe[i].x) ;
}
```

Exercice 56

Énoncé

Écrire le programme de la question 3 de l'exercice précédent, **sans utiliser de structures**. On prévoira toujours une fonction pour lire les informations relatives à un point.

Solution

Ici, il nous faut obligatoirement prévoir 3 tableaux différents de même taille : un pour les noms de points, un pour leurs abscisses et un pour leurs ordonnées. Le programme ne présente pas de difficultés particulières (son principal intérêt est d'être comparé au précédent !).

```
#include <stdio.h>

#define NP 10                   /* nombre de points d'une courbe */
#define LG_LIG 128              /* longueur maximale d'une ligne de donnée */
main()
{
   char c [NP] ;                /* noms des différents points */
   int  x [NP] ;               /* abscisses des différents points */
   int  y [NP] ;               /* ordonnées des différents points */
   int i ;
   char ligne [LG_LIG+1] ;
   void affiche (char [], int[], int[], int) ;

       /* lecture des différents points de la courbe */
   for (i=0 ; i<NP ; i++)
     { printf ("nom (1 caractère) et coordonnées point %d : ", i+1) ;
       gets (ligne) ;
       sscanf (ligne, "%c %d %d", &c[i], &x[i], &y[i]) ;
     }
   affiche (c, x, y, NP) ;
}
```

```
void affiche (char c[], int x[], int y[], int np)
{
    int i ;
    for (i=0 ; i<np ; i++)
        printf ("point %c de coordonnées %d %d\n", c[i], x[i], x[i]) ;
}
```

Exercice 57

Énoncé

Soient les deux modèles de structure date et personne déclarés ainsi :

```
#define LG_NOM 30
struct date
    { int jour ;
      int mois ;
      int annee ;
    } ;
struct personne
    { char nom [LG_NOM+1] ;    /* chaîne de caractères représentant le nom */
      struct date date_embauche ;
      struct date date_poste ;
            } ;
```

Écrire une fonction qui reçoit en argument une structure de type personne et qui en remplit les différents champs avec un dialogue se présentant sous l'une des 2 formes suivantes :

```
nom : DUPONT
date embauche (jj mm aa) : 16 1 75
date poste = date embauche ? (O/N) : O


nom : DUPONT
date embauche (jj mm aa) : 10 3 81
date poste = date embauche ? (O/N) : N
date poste (jj mm aa) : 23 8 91
```

Notre fonction doit modifier le contenu d'une structure de type personne ; il est donc nécessaire qu'elle en reçoive l'adresse en argument. Ici, l'énoncé n'imposant aucune protection particulière concernant les lectures au clavier, nous lirons « classiquement » le nom par gets et les trois autres informations numériques par scanf. Voici ce que pourrait être la fonction demandée :

```
void remplit (struct personne * adp)
{
    char rep ;                /* pour lire une réponse de type O/N */
```

© Éditions Eyrolles

```
        printf ("nom : ") ;
        gets (adp->nom) ;          /* attention, pas de contrôle de longueur */

        printf ("date embauche (jj mm aa) : ") ;
        scanf ("%d %d %d", &adp->date_embauche.jour,
                           &adp->date_embauche.mois,
                           &adp->date_embauche.annee) ;

        printf ("date poste = date embauche ? (O/N) : ") ;
        getchar () ; rep = getchar () ;    /* premier getchar pour sauter \n */
        if (rep == 'O') adp->date_poste = adp->date_embauche ;
            else  { printf ("date poste (jj mm aa) : ") ;
                    scanf ("%d %d %d", &adp->date_poste.jour,
                                       &adp->date_poste.mois,
                                       &adp->date_poste.annee) ;
                 }
    }
```

Notez que, comme à l'accoutumée, dès lors qu'une lecture de valeurs numériques (ici par scanf) est suivie d'une lecture d'un caractère (ici par getchar, mais le même problème se poserait avec scanf et le code %c), il est nécessaire de « sauter » artificiellement le caractère ayant servi à la validation de la dernière information numérique ; en effet, dans le cas contraire, c'est précisément ce caractère (\n) qui est pris en compte.

En toute rigueur, la démarche ainsi utilisée n'est pas infaillible : si l'utilisateur fournit des informations supplémentaires après la dernière valeur numérique (ne serait-ce qu'un simple espace), le caractère lu ultérieurement ne sera pas celui attendu. Toutefois, il s'agit alors des « problèmes habituels » liés à la fourniture d'informations excédentaires. Ils peuvent être résolus par différentes techniques dont nous avons parlé, notamment, dans l'exercice 48.

Voici, à titre indicatif, un petit programme d'essai de notre fonction (sa compilation nécessite les déclarations des structures date et personne) :

```
    main()
    {
       struct personne bloc ;
       remplit (&bloc) ;
       printf ("nom : %s \n date embauche : %d %d %d \n date poste    : %d %d %d",
               bloc.nom,
               bloc.date_embauche.jour, bloc.date_embauche.mois,
               bloc.date_embauche.annee,
               bloc.date_poste.jour,    bloc.date_poste.mois,
               bloc.date_poste.annee ) ;
    }
```

Deuxième partie

EXERCICES THÉMATIQUES

Cette introduction fournit quelques explications concernant la manière dont sont conçus les problèmes proposés dans cette seconde partie et les quelques règles que nous nous sommes fixées pour la rédaction des programmes correspondants.

1 Canevas commun à chaque exercice

Pour chaque exercice, nous avons adopté le même canevas.

L'exposé du problème

Il est constitué d'un énoncé accompagné d'un exemple. Cet ensemble constitue ce qu'il est indispensable de lire avant de tenter de résoudre le problème. Certes, l'exemple permet d'illustrer et de concrétiser l'énoncé mais, de plus, il le précise, en particulier en explicitant la manière dont le programme dialogue avec l'utilisateur. On notera que cet exemple correspond exactement à une image d'écran obtenue avec le programme proposé en solution.

L'analyse

Elle spécifie (ou précise) les algorithmes à mettre en œuvre pour aboutir à **une** solution. Elle garde un caractère général ; notamment, elle évite de s'intéresser à certains détails de programmation dont le choix est rejeté au moment de l'écriture du programme. A priori, elle fait déjà partie de la solution ; toutefois, si vous « séchez » sur l'énoncé lui-même, rien ne vous empêche, après la lecture de cette analyse, de tenter d'écrire le programme correspondant. En effet, un tel exercice, bien que limité à la simple traduction d'un algorithme dans un langage, n'en possède pas moins un intérêt propre en ce qui concerne l'apprentissage du langage lui-même.

Le programme

Bien qu'il suive exactement l'analyse proposée, il n'en reste pas moins qu'il faille le considérer comme une rédaction possible parmi beaucoup d'autres. N'oubliez pas qu'à ce niveau il est bien difficile de porter un jugement de valeur sur les qualités ou les défauts de telle ou telle rédaction, tant que l'on n'a pas précisé les critères retenus (vitesse d'exécution, taille mémoire, clarté de la rédaction, respect de certaines règles de style...) ; cela est d'autant plus vrai que certains de ces critères peuvent s'avérer incompatibles entre eux. Ces remarques s'appliquent d'ailleurs déjà aux exercices proposés précédemment dans la première partie de cet ouvrage mais avec moins d'acuité.

Les commentaires

Ils fournissent certaines explications que nous avons jugées utiles à la compréhension du programme lui-même. Il peut, par exemple, s'agir :

- de rappels concernant une instruction ou une fonction peu usuelle ;
- de justifications de certains choix réalisés uniquement au moment de la rédaction du programme ;
- de mise en évidence de certaines particularités ou originalités du langage ;
- etc.

La discussion

Elle constitue une sorte *d'ouverture* fondée sur une réflexion de caractère général qui peut porter sur :

© Éditions Eyrolles

      les insuffisances éventuelles du programme proposé, notamment en ce qui concerne son comportement face à des erreurs de la part de l'utilisateur ;

      les améliorations qu'il est possible de lui apporter ;

      une généralisation du problème posé ;

      etc.

2 Protection des programmes par rapport aux données

Comme beaucoup d'autres langages, les instructions usuelles de lecture au clavier du langage C ne sont pas totalement protégées d'éventuelles réponses incorrectes de la part de l'utilisateur. Celles-ci peuvent entraîner un comportement anormal du programme.

D'une manière générale, ce problème de contrôle des données peut être résolu par l'emploi de techniques appropriées telles que celles que nous avons rencontrées dans l'exercice 48 de la première partie. Toutefois, celles-ci présentent l'inconvénient d'alourdir le texte du programme. C'est pourquoi nous avons évité d'introduire systématiquement de telles protections dans tous nos exemples, ce qui aurait manifestement masqué l'objectif essentiel de l'exercice (bien entendu, ces protections pourraient devenir indispensables dans un programme réel). Notez toutefois que certains exercices, de par leur nature même, requièrent une telle protection ; celle-ci sera alors clairement demandée dans l'énoncé lui-même.

3 À propos des structures de boucle

En principe, lorsque l'analyse d'un problème fait intervenir une répétition, il faudrait, pour être complet, en préciser le type :

      répétition *définie* (ou *avec compteur*) : elle est réalisée en C avec l'instruction `for` ;

      répétition *tant que*, dans laquelle le test de poursuite a lieu en début de boucle : elle est réalisée en C avec l'instruction `while` ;

      répétition *jusqu'à* dans laquelle le test d'arrêt a lieu en fin de boucle : elle est réalisée en C avec l'instruction `do ... while`.

En fait, il existe plusieurs raisons de ne pas toujours spécifier le choix du type d'une répétition au niveau de l'analyse et de le reporter au niveau de l'écriture du programme :

      ● d'une part, le choix d'un type de boucle n'est pas toujours dicté impérativement par le problème : par exemple, un algorithme utilisant une répétition de type jusqu'à peut toujours être transformé en un algorithme utilisant une répétition de type tant que ;

      ● d'autre part, comme nous l'avons déjà entrevu dans le chapitre 3 de la première partie, le langage C autorise des formes de répétition plus variées que les trois que nous venons d'évoquer (et qui sont celles proposées classiquement par la « programmation structurée ») : ainsi, par exemple :

        – grâce à la notion d'opérateur séquentiel, on peut réaliser, à l'aide de l'instruction `while`, des boucles dans lesquelles le test de poursuite a lieu, non plus en début, mais en cours de boucle ;

        – l'instruction `break` autorise des boucles à sorties multiples.

Certes, on peut objecter que ce sont là des possibilités qui sont contraires à l'esprit de la programmation structurée. Cependant, utilisées à bon escient, elles peuvent améliorer la concision et le temps d'exécution des programmes. Compte tenu de l'orientation du langage C, il ne nous a pas paru opportun de nous priver totalement de ces facilités.

En définitive, il nous arrivera souvent, au cours de l'analyse, de nous contenter de préciser la (ou les) condition(s) d'arrêt d'une itération et de reporter au niveau de la programmation même le choix des instructions à utiliser. On notera qu'en procédant ainsi un effort de réflexion logique peut rester nécessaire au moment de la rédaction du programme, laquelle, dans ce cas, se trouve être plus qu'une simple traduction littérale !

4 À propos des fonctions

a) Comme nous l'avons déjà remarqué dans l'avant-propos, la norme ANSI accepte deux formes de définition de fonctions. Voici, par exemple, deux façons d'écrire l'en-tête d'une fonction `fct` recevant deux arguments de type `int` et `char` et renvoyant une valeur de type `double` :

```
double fct (int x, char * p)
```

```
double fct (x, p)
int x ;
char * p ;
```

Il ne s'agit là que de simples différences de rédaction, sans aucune incidence sur le plan fonctionnel. Ici, nous avons systématiquement employé la première forme (on la nomme parfois forme « moderne »), dans la mesure où elle a tendance à se généraliser et où il s'agit de la seule forme acceptée par le C++.

© Éditions Eyrolles

b) Les fonctions ont toujours été déclarées dans les fonctions les utilisant bien qu'a priori :

– cela ne soit pas obligatoire pour les fonctions fournissant un résultat de type `int` ;

– cela ne soit pas obligatoire lorsqu'une fonction a été définie, dans le même source, avant d'être utilisée.

c) Dans les déclarations des fonctions, nous avons utilisé la forme **prototype** autorisée par le standard ANSI. Celle-ci se révèle surtout fort précieuse lorsqu'on exploite les possibilités de compilation séparée et que l'on a donc affaire à plusieurs fichiers source différents. Certes, ce n'est pas le cas ici, mais, étant donné qu'elle est pratiquement acceptée de tous les compilateurs actuels et qu'elle est obligatoire en C++, il nous a paru judicieux d'en faire une habitude.

Chapitre 8

Variations algorithmiques sur les instructions de base

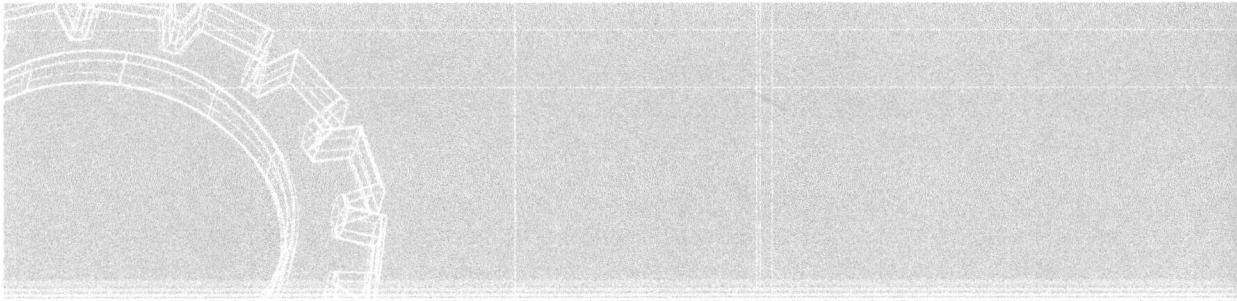

Ce chapitre vous propose des problèmes ne faisant appel qu'aux notions de base du langage C, à savoir :

- entrées-sorties conversationnelles (`getchar`, `scanf`, `gets`, `putchar`, `printf`) ;
- instructions de contrôle ;
- tableaux ;
- chaînes ;
- fonctions.

Exercice 58 – Triangle de Pascal

Énoncé

Afficher un « triangle de Pascal » dont le nombre de lignes est fourni en donnée. Nous vous rappelons que les « cases » d'un tel triangle contiennent les valeurs des coefficients du binôme $C_{n,p}$ (ou nombre de combinaisons de n éléments pris p à p). Cette valeur est placée dans la case correspondant à l'intersection de la ligne de rang n et la colonne de rang p (la numérotation commençant à 0).

On évitera de calculer chaque terme séparément ; au contraire, on cherchera à exploiter la relation de récurrence :

$$C_{i,j} = C_{i-1,j} + C_{i-1,j-1}$$

On limitera à 15 le nombre de lignes demandées par l'utilisateur et on respectera la présentation proposée dans l'exemple ci-dessous.

```
combien de lignes voulez vous ? 12

p     0    1    2    3    4    5    6    7    8    9   10   11
n

----------------------------------------------------------------
0 --   1
1 --   1    1
2 --   1    2    1
3 --   1    3    3    1
4 --   1    4    6    4    1
5 --   1    5   10   10    5    1
6 --   1    6   15   20   15    6    1
7 --   1    7   21   35   35   21    7    1
8 --   1    8   28   56   70   56   28    8    1
9 --   1    9   36   84  126  126   84   36    9    1
10 --  1   10   45  120  210  252  210  120   45   10    1
11 --  1   11   55  165  330  462  462  330  165   55   11    1
```

Analyse

A priori, nous pourrions utiliser un tableau t à deux dimensions comportant 15×15 éléments et décider (arbitrairement) que le premier indice correspond au rang d'une ligne du triangle, le second à celui d'une colonne. Nous remplirions alors partiellement ce tableau avec les valeurs $C_{i,j}$ voulues (i varierait de 0 à n-1 si n représente le nombre de lignes demandées et, pour chaque valeur de i, j varierait de 0 à i).

Pour exploiter la récurrence proposée, il nous suffirait alors de procéder comme suit :

- placer la valeur 1 en $t(0,0)$ (ce qui constitue la première ligne) ;

- pour chaque ligne de rang i, à partir de i=1, procéder ainsi :

© Éditions Eyrolles

– placer la valeur 1 en $t(i,0)$ et $t(i,i)$ (extrémités de la ligne de rang i) ;

– pour j variant de 1 à i-1, faire :

$$t(i,j) = t(i-1,j) + t(i-1,j-1)$$

En fait, il est possible de n'utiliser qu'un tableau à une seule dimension, dans lequel on vient calculer *successivement* chacune des lignes du triangle (il faut alors, bien sûr, afficher chaque ligne dès qu'elle a été déterminée).

Supposons, en effet, qu'à un instant donné, nous disposions dans ce tableau t des i+1 valeurs de la ligne de rang i et voyons comment déterminer celles de la ligne de rang i+1. Nous constatons que la récurrence proposée permet de définir la nouvelle valeur d'un élément de t en fonction de son ancienne valeur et de l'ancienne valeur de l'élément précédent.

Certes, si nous répétions une affectation de la forme :

$$t(j) = t(j) + t(j-1)$$

en faisant varier j de 1 à i-1, nous n'aboutirions pas au résultat escompté puisqu'alors la valeur de $t(j)$ dépendrait de la nouvelle valeur préalablement attribuée à $t(j-1)$.

Mais, il est facile de montrer qu'en explorant la ligne de droite à gauche, c'est-à-dire en répétant l'affectation ci-dessus en faisant décroître j de i-1 à 0, le problème ne se pose plus.

Voici finalement l'algorithme que nous utiliserons :

Faire varier i de 0 à n-1. Pour chaque valeur de i :

⬤ répéter, en faisant décroître j de i-1 à 1 :

$$t(j) = t(j) + t(j-1)$$

⬤ placer la valeur 1 dans $t(i)$.

Remarques

1. Tel que l'algorithme vient d'être énoncé, nous constatons que pour i=0, j doit décroître de −1 à 1 ! Nous admettrons que cela signifie en fait qu'aucun traitement n'est à réaliser dans ce cas (ce qui est normal puisque alors notre ligne est réduite à la seule valeur 1, laquelle sera placée par l'affectation $t(i)$=1). Il en va de même pour i=1, j devant alors décroître de 0 à 1. On notera qu'en langage C la boucle for permet de tenir compte de ces cas particuliers (le test de poursuite de boucle étant réalisé en début). Ce n'est toutefois pas là une règle généralisable à tous les langages.

2. Avec les précautions que nous venons d'évoquer, l'algorithme « s'initialise » de lui-même.

Programme

```
#include <stdio.h>
#define NMAX 15            /* nombre maximal de lignes */
```

```
main()
{ int t [NMAX],            /* tableau représentant une ligne du triangle */
      nl,                  /* nombre de lignes souhaitées */
      i,                   /* indice de la ligne courante */
      j ;                  /* indice courant de colonne */

         /* lecture nombre de lignes souhaitées et affichage titres */
   printf ("combien de lignes voulez vous ? ") ;
   scanf ("%d", &nl) ;
   if (nl > NMAX) nl = NMAX ;
   printf ("\n\n p  ") ;
   for (i=0 ; i<nl ;i++)
      printf ("%5d", i) ;
   printf ("\n n\n") ;
   for (i=0 ; i<=nl ; i++)
      printf ("-----") ;
   printf ("\n") ;

         /* création et affichage de chaque ligne */
   for (i=0 ; i<nl ;i++)
   { t[i] = 1 ;
      for (j=i-1 ; j>0 ; j--)
         t[j] = t[j-1] + t[j] ;
      printf ("%2d --", i) ;
      for (j=0 ; j<=i ; j++)
          printf ("%5d", t[j]) ;
      printf ("\n") ;
   }
}
```

Commentaires

1. En langage C, les indices d'un tableau commencent à 0. Ici, cette particularité s'avère intéressante puisque nos numéros de lignes ou de colonnes doivent aussi commencer à 0.

2. Plutôt que d'utiliser directement la constante 15 dans notre programme, nous avons préféré faire appel à l'instruction #define du préprocesseur pour définir un symbole NMAX possédant cette valeur. Il est ainsi beaucoup plus facile, le cas échéant, de modifier cette valeur (puisqu'il suffit alors d'intervenir en un seul endroit du programme). Notez que nous n'aurions pas pu utiliser la déclaration de constante symbolique (const int NMAX = 15), car, dans ce cas, NMAX n'aurait pas été une « expression constante », et nous n'aurions pas pu l'utiliser comme dimension d'un tableau.

3. Ne pas oublier que t [NMAX] réserve NMAX éléments (c'est-à-dire 15), dont les indices varient de 0 à 14.

4. Si l'utilisateur demande un nombre de lignes supérieur à NMAX, le programme se contente de limiter cette demande à la valeur NMAX.

© Éditions Eyrolles

Discussion

1. Nous aurions pu tenir compte de la symétrie de chaque ligne par rapport à son centre ; quelques instructions supplémentaires nous auraient alors permis une légère réduction du temps de calcul.

2. L'énoncé limitait à 15 le nombre de lignes de notre triangle. En effet, au-delà, il n'est généralement plus possible d'afficher toutes les valeurs sur une seule ligne d'écran.

3. Notre programme n'est pas protégé dans le cas où l'utilisateur fournit une réponse non numérique à la question posée. Dans ce cas, toutefois, la situation n'est pas très grave ; en effet, la valeur de n1 est, certes, aléatoire mais, de toute façon, elle sera limitée à 15 par le programme.

   Si vous souhaitiez quand même traiter ce type d'anomalie, il vous suffirait d'examiner le code de retour de la fonction scanf (il fournit le nombre de valeurs convenablement lues) et de vérifier qu'il est bien égal à 1.

Exercice **59** – Crible d'Eratosthène

Il existe une méthode de détermination de nombres premiers connue sous le nom de « crible d'Erastothène ». Elle permet d'obtenir tous les nombres premiers inférieurs à une valeur donnée n.

La méthode (manuelle) consiste à dresser une liste des nombres considérés (de 1 à n) et à y rayer tous les nombres multiples d'autres entiers (de tels nombres sont nécessairement non premiers). Plus précisément, on procède ainsi :

1. On raye le 1 (qui, par définition, n'est pas un nombre premier).

2. On recherche, à partir du dernier nombre premier considéré (la première fois, on convient qu'il s'agit du 1), le premier nombre non rayé (on peut montrer qu'il est premier). Il devient, à son tour, le dernier nombre premier considéré et on raye tous ses multiples.

3. On répète le point **2** jusqu'à ce que le nombre premier considéré soit supérieur à la racine carrée de *n*. On peut alors montrer que tous les nombres non premiers ont été rayés de la liste.

Énoncé

Écrire un programme basé sur cette méthode recherchant tous les nombres premiers compris entre 1 et n (la valeur de n étant fixée dans le programme

Exemple

```
entre 1 et 1000, les nombres premiers sont :
    2       3       5       7      11      13      17      19      23      29
   31      37      41      43      47      53      59      61      67      71
   73      79      83      89      97     101     103     107     109     113
  127     131     137     139     149     151     157     163     167     173
  179     181     191     193     197     199     211     223     227     229
  233     239     241     251     257     263     269     271     277     281
  283     293     307     311     313     317     331     337     347     349
  353     359     367     373     379     383     389     397     401     409
  419     421     431     433     439     443     449     457     461     463
  467     479     487     491     499     503     509     521     523     541
  547     557     563     569     571     577     587     593     599     601
  607     613     617     619     631     641     643     647     653     659
  661     673     677     683     691     701     709     719     727     733
  739     743     751     757     761     769     773     787     797     809
  811     821     823     827     829     839     853     857     859     863
  877     881     883     887     907     911     919     929     937     941
  947     953     967     971     977     983     991     997
```

Solution

Analyse

La méthode manuelle suggère d'utiliser un tableau. Toutefois, devons-nous, par analogie, y ranger les nombres entiers de 1 à n ? En fait, cela ne serait guère utile puisque alors chaque nombre serait égal à son rang dans le tableau (du moins, à une unité près, suivant les conventions que l'on adopterait pour l'indice du premier élément).

En réalité, le bon déroulement de l'algorithme nous impose seulement d'être en mesure de faire correspondre à chaque entier entre 1 et n, une information précisant, à chaque instant, s'il est rayé ou non (cette information pouvant évoluer au fil du déroulement du programme). Il s'agit là tout naturellement d'une information de type « logique » (vrai ou faux). Comme ce type n'existe pas en tant que tel en langage C, nous le simulerons à l'aide de deux constantes entières : VRAI de valeur 1, FAUX de valeur 0. Notez que le choix de la valeur 0 pour FAUX est imposé par la manière dont le langage C considère une expression numérique apparaissant dans une condition ; la valeur 1, par contre, pourrait être, sans inconvénient, remplacée par n'importe quelle valeur non nulle.

Notons raye un tel tableau et supposons que raye[i] correspond à l'entier i (ce qui, compte tenu des conventions du langage C, signifie que raye[0] est inutilisé). Notre algorithme nous impose de garder la trace du dernier nombre premier considéré. Nous le nommerons prem. La démarche manuelle se transpose alors comme suit :

* Initialisation :

    – mettre à FAUX tous les éléments du tableau raye,

    – mettre à FAUX le premier élément de raye, et faire :

        prem = 1

* Itération :

© Éditions Eyrolles

– rechercher, à partir de prem, le premier nombre non encore rayé, c'est-à-dire incrémenter la valeur de prem jusqu'à ce que t[prem] soit FAUX (en toute rigueur, il faut se demander s'il existe encore un tel nombre dans notre tableau, et donc limiter l'incrémentation de prem à N).

– rayer tous les multiples de prem, dans le cas où un tel nombre a été trouvé.

● L'itération proposée peut être répétée, indifféremment (les deux formulations étant équivalentes dès que N est supérieur ou égal à 1) :

– *jusqu'à* ce que la valeur de prem soit supérieure à la racine carrée de N ;

– ou *tant que* la valeur de prem est inférieure ou égale à la racine carrée de N.

Programme

```
#include <stdio.h>
#define N 1000              /* plus grand entier à examiner */
#define VRAI 1              /* pour "simuler" des ..... */
#define FAUX 0              /* ..... valeurs logiques */

main()
{
   int raye [N+1],          /* tableau servant de crible */
       prem,                /* dernier nombre premier considéré */
       na,                  /* compteur de nombres affichés */
       i ;

                  /* initialisations */
   for (i=1 ; i<=N ; i++)                  /* mise à zéro du crible */
      raye[i] = FAUX ;
   raye[1] = VRAI ;                        /* on raye le nombre 1 */
                  /* passage au crible */
   prem = 1 ;
   while (prem*prem <= N)
      { while (raye[++prem] && prem<N ) {}
                              /* recherche premier nombre non rayé */
        for (i=2*prem ; i<=N ; i+=prem)  /* on raye tous ses multiples */
           raye[i] = VRAI ;
      }
                  /* affichage résultats */
   printf ("entre 1 et %d, les nombres premiers sont :\n", N) ;
   na = 0 ;
   for (i=1 ; i<=N ; i++)
      if ( !raye[i] )
        { printf ("%7d",i) ;
          na++ ;
          if ( na%10 == 0) printf ("\n") ;      /* 10 nombres par ligne */
        }
}
```

Commentaires

1. La recherche du premier nombre non encore rayé est réalisée par la seule instruction :

```
while (raye[++prem] && prem<N) {}
```

Notez bien la pré-incrémentation de `prem` ; une post-incrémentation :

```
while (t[prem++] && prem<N) {}
```

aurait conduit à une boucle infinie sur le premier nombre premier trouvé, c'est-à-dire 2 (du moins si N est supérieur ou égal à 2). Il suffirait toutefois d'incrémenter `prem` une fois avant d'entrer dans la boucle pour que cela fonctionne.

2. Nous avons conservé le garde-fou :

```
prem < N
```

On pourrait toutefois démontrer que, dès que N est supérieur ou égal à 2, on est toujours assuré de trouver au moins un nombre non rayé avant la fin du tableau (compte tenu de ce que l'on commence l'exploration avec un nombre inférieur ou égal à la racine carrée de N).

3. Nous avons prévu d'afficher nos nombres premiers, à raison de 10 par ligne, chaque nombre occupant 7 caractères. Pour ce faire, nous utilisons une variable nommée `na` nous permettant de comptabiliser le nombre de nombres affichés. À chaque fois que `na` est multiple de 10, nous provoquons un saut de ligne.

Discussion

1. Tel qu'il est proposé ici, le programme traite le cas `n=1000`. Pour le faire fonctionner avec d'autres valeurs, il est nécessaire d'intervenir au niveau du programme lui-même et de le recompiler. Si vous souhaitez que la valeur de n puisse être fournie en donnée, il faut lui fixer une valeur maximale, afin de prévoir la réservation du tableau correspondant.

Notez toutefois que les possibilités de gestion dynamique du langage C offrent une solution plus agréable à ce problème de *dimensions variables*. Vous en trouverez certains exemples dans le chapitre consacré à la gestion dynamique.

2. Le tableau `raye`, ainsi que les variables `prem` et `i`, ont été déclarés de type `int`, ce qui, dans certaines implémentations, peut limiter à `32767` les valeurs qu'il est ainsi possible d'examiner. On peut toujours faire mieux, en utilisant le type `unsigned int`, ou mieux le type `long` ou `unsigned long`. Toutefois, dans ce cas, on s'assurera que l'on n'est pas soumis à des contraintes sur la taille des différents modules objets, sur la taille de la pile ou, encore, tout simplement, sur la taille des différents objets qu'il est possible de manipuler.

© Éditions Eyrolles

Exercice **60** – Lettres communes à deux mots (1)

Énoncé

Réaliser un programme qui affiche les lettres communes à deux mots fournis au clavier. On prévoira d'afficher plusieurs fois une lettre qui apparaît à plusieurs reprises dans chacun des deux mots.

On supposera que ces mots ne peuvent pas comporter plus de 26 caractères et on les lira à l'aide de la fonctions `gets`.

Exemples

```
donnez un premier mot  : monsieur
donnez un deuxième mot : bonjour
la lettre o est commune aux deux mots
la lettre n est commune aux deux mots
la lettre u est commune aux deux mots
la lettre r est commune aux deux mots
------------------------
donnez un premier mot  : barbara
donnez un deuxième mot : ravage
la lettre a est commune aux deux mots
la lettre r est commune aux deux mots
la lettre a est commune aux deux mots
```

Solution

Analyse

L'énoncé nous impose d'utiliser `gets`, donc de représenter nos mots sous forme de chaînes de caractères (suites de caractères terminées par le caractère nul, noté en C : `\0`). Nous utiliserons à cet effet des tableaux de caractères de dimension 27 (pour 26 lettres maximum et un caractère de fin).

La recherche des lettres communes aux deux mots peut se faire en comparant chacun des caractères de la première chaîne à chacun des caractères de la seconde. Cela nous conduit naturellement à l'utilisation de deux boucles avec compteur (instructions `for`) imbriquées.

Toutefois, nous devons savoir qu'une même lettre peut figurer plusieurs fois dans un même mot. Dans ces conditions, il faut éviter :

◉ Qu'une même lettre du premier mot ne puisse être trouvée en deux endroits différents du second. Par exemple, avec :

monsieur

et

bonjour

après avoir trouvé que le o de monsieur figurait en position 2 de bonjour, il faut éviter de signaler une nouvelle coïncidence entre ce même o de monsieur et le second o de bonjour.

Il est donc nécessaire d'interrompre la comparaison entre une lettre du premier mot avec toutes celles du second mot, dès qu'une coïncidence a été détectée.

* Qu'une même lettre du second mot ne puisse coïncider avec deux lettres différentes du second. Par exemple, avec (attention à l'ordre des mots) :

bonjour

et

monsieur

Il faut éviter de trouver une coïncidence entre le premier o de bonjour et l'unique o de monsieur et une autre coïncidence entre le second o de bonjour et le même o de monsieur.

Pour ce faire, une démarche (parmi d'autres) consiste à éliminer dans le second mot la lettre ayant fait l'objet d'une coïncidence. Plus précisément, il suffit de remplacer une telle lettre par un caractère dont on est sûr qu'il n'apparaîtra pas dans un mot. Ici, nous avons choisi l'espace puisque nous sommes censés travailler avec des mots.

Programme

```c
#include <stdio.h>
#include <string.h>
#define LMAX 26

main()
{
    char mot1 [LMAX+1],       /* premier mot */
         mot2 [LMAX+1] ;      /* deuxième mot */
    int i, j ;

            /* lecture des deux mots */
    printf ("donnez un premier mot  : ") ;
    gets (mot1) ;
    printf ("donnez un deuxième mot : ") ;
    gets (mot2) ;

            /* comparaison */
    for (i=0 ; i<strlen(mot1) ; i++)
       for (j=0 ; j<strlen(mot2) ; j++)
          if (mot1[i] == mot2[j])
            { printf ("la lettre %c est commune aux deux mots\n", mot1[i]) ;
              mot2[j] = ' ' ;
              break ;
            }
}
```

© Éditions Eyrolles

Commentaires

1. Nous avons utilisé le symbole LMAX pour représenter la longueur maximale d'un mot. Notez bien que les tableaux mot1 et mot2 ont dû être prévus de dimension LMAX+1, afin de tenir compte de la présence du caractère de fin de chaîne.

2. Nous aurions pu utiliser, à la place de la seconde boucle avec compteur (en j), une boucle tant que (while). Certes, la programmation eût été plus structurée mais, néanmoins, moins concise.

Discussion

Ce programme n'est pas protégé contre des réponses de plus de 26 caractères. Dans ce cas, en effet, les caractères superflus iront écraser les données se trouvant au-delà de l'un des tableaux mot1 ou mot2. Les conséquences peuvent être assez variées (vous pouvez expérimenter le présent programme dans diverses situations et tenter d'expliquer les comportements observés).

Il existe différentes façons d'éviter ce risque. Citons, par exemple :

- lire (toujours par gets), une chaîne comportant un nombre de caractères suffisamment élevé pour que l'utilisateur ne risque pas (trop !) d'en fournir plus. On pourrait choisir, par exemple 80 ou 128 caractères (dans certaines implémentations, il n'est jamais possible de taper des lignes de plus de 128 caractères) ;

- limiter automatiquement la longueur de la chaîne lue, en utilisant la fonction fgets ; par exemple, avec fgets (mot1, LMAX, stdin), on limite à LMAX le nombre de caractères lus sur stdin ;

- utiliser, dans certaines implémentations, une fonction (non portable !) nommée cgets.

Exercice 61 – Lettres communes à deux mots (2)

Énoncé

Réaliser un programme qui affiche les lettres communes à deux mots fournis en donnée. Cette fois, on n'imposera pas de limite à la taille des mots fournis par l'utilisateur, mais on ne prendra en compte que les 26 premiers caractères. Quel que soit le nombre de caractères effectivement frappés, l'utilisateur devra toujours valider sa réponse par la frappe de la touche *return*.

Là encore, on prévoira d'afficher plusieurs fois une lettre qui apparaît à plusieurs reprises dans chacun des mots.

On s'astreindra à n'utiliser pour la lecture au clavier que **la seule fonction** getchar. De plus, on réalisera une fonction destinée à lire un mot dans un tableau qu'on lui transmettra en argument ; elle fournira, en retour, la longueur effective du mot ainsi lu.

Exemples   Voir ceux de l'exercice précédent

Solution

Analyse

L'énoncé nous impose l'emploi de `getchar`, ce qui signifie que chacun des deux mots devra être lu caractère par caractère. Dans ces conditions, nous pouvons choisir de représenter nos mots :

- soit sous forme d'une chaîne de caractères. Il nous faudra alors introduire nous-mêmes le caractère de fin de chaîne (\0), ce que faisait automatiquement `gets` ;

- soit sous forme d'une simple suite de caractères (c'est-à-dire sans ce caractère de fin). Dans ce cas, il nous faudra alors prévoir d'en déterminer la « longueur ».

Comme l'énoncé nous impose que la fonction de lecture d'un mot en restitue la longueur, nous choisirons la seconde solution.

La lecture d'un mot consiste donc à lire des caractères au clavier jusqu'à ce que l'on rencontre une validation (\n) ou que l'on ait obtenu 26 caractères ; de plus, dans le cas où l'on a obtenu 26 caractères, il faut poursuivre la lecture de caractères au clavier, sans les prendre en compte, jusqu'à ce que l'on rencontre une validation.

Programme

```
#include <stdio.h>
#define LMAX 26          /* longueur maximale d'un mot */

main()
{
   int lire(char []) ;  /* déclaration (prototype) fonction lecture d'un mot */
   char mot1 [LMAX],     /* premier mot (sans '\0') */
        mot2 [LMAX] ;    /* deuxième mot (sans '\0') */
   int l1,               /* longueur premier mot */
       l2,               /* longueur deuxième mot */
       i, j ;

          /* lecture des deux mots */
   printf ("donnez un premier mot  : ") ;
   l1 = lire (mot1) ;
   printf ("donnez un deuxième mot : ") ;
   l2 = lire (mot2) ;

          /* comparaison */
   for (i=0 ; i<l1 ; i++)
      for (j=0 ; j<l2 ; j++)
         if (mot1[i] == mot2[j])
           { printf ("la lettre %c est commune aux deux mots\n", mot1[i]) ;
             mot2[j] = ' ' ;
             break ;
           }
}
```

© Éditions Eyrolles

```
                   /* Fonction de lecture d'un mot */
      int lire (char mot [LMAX])
      {
         int i ;                         /* rang du prochain caractère à lire */
         char c ;

         i = 0 ;
         while ( (c=getchar()) != '\n' && i<=LMAX )
            mot[i++] = c ;
                           /* ici, soit on a lu \n, soit on a lu LMAX caractères */
                           /* dans tous les cas, c contient le premier caractère */
                                          /*      non pris en compte */
         if (c != '\n')
            while (getchar() != '\n') {}                      /* recherche '\n' */
         return(i) ;
      }
```

Commentaires

1. Là encore, nous avons utilisé le symbole LMAX pour représenter la taille maximale d'un mot. En revanche, cette fois, la dimension des tableaux mot1 et mot2 est égale à LMAX (et non plus LMAX+1), puisque nous n'avons pas à y introduire le caractère supplémentaire de fin de chaîne.

2. En ce qui concerne la fonction (nommée lire) de lecture d'un mot au clavier, vous constatez que nous l'avons déclarée dans le programme principal (main), bien que cela soit facultatif, dans la mesure où elle fournit un résultat de type int (en effet, toute fonction qui n'est pas explicitement déclarée est supposée produire un résultat de type int).

   D'autre part, comme nous l'avons expliqué dans l'introduction de cette seconde partie, nous avons utilisé, dans cette déclaration, la forme prototype autorisée par la norme ANSI (ce prototype assure les contrôles de types d'arguments et met en place d'éventuelles conversions).

   Par ailleurs, l'en-tête de notre fonction lire a été écrit suivant la forme « moderne ». La norme ANSI aurait autorisé le remplacement de notre en-tête par :

   ```
   int lire (mot)
   char mot [LMAX] ;
   ```

3. Le tableau de caractères représentant l'unique argument de *lire* doit obligatoirement être transmis par adresse puisque cette fonction doit être en mesure d'en modifier le contenu. N'oubliez pas cependant qu'en langage C un nom de tableau est interprété (par le compilateur) comme un pointeur (constant) sur son premier élément. C'est ce qui justifie la pré-

sence, dans les appels à la fonction `lire`, de `mot1` ou `mot2`, et non de `&mot1` ou `&mot2`.

4. La déclaration de l'argument de `lire`, dans son en-tête :

```
char mot [LMAX]
```

aurait pu également s'écrire :

```
char mot []
```

ou même :

```
char * mot
```

Dans le premier cas, on continue de spécifier (au lecteur du programme plus qu'au compilateur) que `mot` est un tableau de caractères mais que sa dimension n'a pas besoin d'être connue au sein de `lire`. Dans le second cas, on exprime plus clairement que, finalement, l'argument reçu par `lire` n'est rien d'autre qu'un pointeur sur des caractères. Ces formulations sont totalement équivalentes pour le compilateur et, dans tous les cas (même le dernier), il reste possible de faire appel au « formalisme » tableau au sein de `lire`, en utilisant une notation telle que :

```
mot [i++]
```

D'ailleurs, pour le compilateur, cette dernière est équivalente à :

```
* (mot + i++)
```

Les même réflexions s'appliquent à l'écriture du prototype de `lire`.

Discussion

1. Le symbole `LMAX` est défini pour l'ensemble du source contenant, ici, le programme principal et la fonction `lire`. Mais, si cette fonction devait être compilée séparément du reste, il serait alors nécessaire de faire figurer la définition (`#define`) dans les deux sources, ce qui comporte un risque d'erreur. Dans une situation réelle, on pourrait avoir intérêt à faire appel à l'une des démarches suivantes :

   – transmettre la valeur de `LMAX` en argument de la fonction `lire` ;

   – regrouper les définitions de symboles communs à plusieurs sources dans un fichier séparé que l'on appelle par `#include` dans chacun des sources concernés.

2. Contrairement au programme de l'exercice précédent, celui-ci se trouve protégé de réponses trop longues de la part de l'utilisateur.

© *Éditions Eyrolles*

Exercice **62** – Comptage de lettres

Énoncé

Réaliser un programme qui compte le nombre de chacune des lettres de l'alphabet d'un texte entré au clavier. Pour simplifier, on ne tiendra compte que des minuscules, mais on comptera le nombre des caractères non reconnus comme tels (quels qu'ils soient : majuscules, ponctuation, chiffres...).

Le programme devra accepter un nombre quelconque de lignes. L'utilisateur tapera une « ligne vide » pour signaler qu'il a terminé la frappe de son texte (ce qui revient à dire qu'il frappera donc deux fois de suite la touche *return*, après la frappe de sa dernière ligne).

On supposera que les lignes frappées au clavier ne peuvent jamais dépasser 127 caractères. Par ailleurs, on fera l'hypothèse (peu restrictive en pratique) que les « codes » des lettres minuscules a à z sont consécutifs (ce qui est le cas, notamment, avec le code ASCII).

```
donnez votre texte, en le terminant par une ligne vide
je me figure ce zouave qui joue
du xylophone en buvant du whisky


votre texte comporte 63 caractères dont :
2 fois la lettre a
1 fois la lettre b
1 fois la lettre c
2 fois la lettre d
8 fois la lettre e
1 fois la lettre f
     ......
     ......
7 fois la lettre u
2 fois la lettre v
1 fois la lettre w
1 fois la lettre x
2 fois la lettre y
1 fois la lettre z

et 11 autres caractères
```

Analyse

Il nous faut donc utiliser un tableau de 26 entiers permettant de comptabiliser le nombre de fois où l'on a rencontré chacune des 26 lettres (minuscules) de l'alphabet. Nous le nommerons `compte`. Nous utiliserons également un compteur nommé `ntot` pour le nombre total de caractères et un autre nommé `nautres` pour les caractères différents d'une lettre minuscule.

En ce qui concerne le comptage proprement dit, il nous faut examiner chacune des lettres du texte. Pour ce faire, il existe (au moins) deux démarches possibles :

effecteur une répétition du traitement d'un caractère ;

effectuer une répétition du traitement d'une ligne, lui-même constitué de la répétition du traitement de chacun des caractères qu'elle contient.

a) La première démarche aboutit à une simple boucle avec compteur. Elle ne demande d'accéder qu'à un seul caractère à la fois (par exemple, par `getchar`). Elle nécessite, par contre, l'élimination des caractères de fin de ligne `\n` (qui sont transmis comme les autres par `getchar`), puisqu'ils ne font pas vraiment partie du texte.

De surcroît, la détection de la fin du texte oblige à conserver en permanence le « caractère précédent ». Lorsque ce caractère, ainsi que le caractère courant, sont égaux à `\n`, c'est que l'on a atteint la fin du texte. Il suffit d'initialiser artificiellement ce caractère précédent à une valeur quelconque (autre que `\n`) pour éviter de devoir effectuer un traitement particulier pour le premier caractère.

b) La seconde démarche aboutit à deux boucles imbriquées. Elle permet de lire directement chaque ligne par `gets`. Elle règle de manière naturelle les problèmes de fin de ligne et de fin de texte.

Nous vous proposons ici deux programmes, correspondant à chacune de ces deux démarches.

Programme (basé sur la répétition du traitement d'un caractère)

```
#include <stdio.h>
main()
{
    char c,              /* pour lire un caractère frappé au clavier */
         cprec ;         /* caractère précédent */
    int  compte[26] ;    /* pour compter les différentes lettres */
    int numl,            /* rang lettre courante dans l'alphabet */
        ntot,            /* nombre de caractères du texte */
        nautres,         /* nb caractères autres qu'une lettre minuscule */
        i ;

        /* initialisations */
    cprec = ' ' ;
    ntot = 0 ; nautres = 0 ;
    for (i=0 ; i<26 ; i++) compte[i]=0 ;

        /* lecture texte et comptages */
    printf ("donnez votre texte, en le terminant par une ligne vide\n") ;
    while ( (c=getchar()) != '\n' || cprec != '\n' )
      { if (c != '\n')
          { numl = c - 'a' ;          /* on donne le rang 0 à la lettre 'a' */
            if (numl >=0 && numl < 26) compte[numl]++ ;
                                 else nautres++ ;
            ntot++ ;
          }
        cprec = c ;
      }
```

© Éditions Eyrolles

```
                  /* affichage résultats */
        printf ("\n\nvotre texte comporte %d caractères dont :\n", ntot) ;
        for (i=0; i<26 ; i++)
           printf ("%d fois la lettre %c\n", compte[i], 'a'+i) ;
        printf ("\net %d autres caractères\n", nautres) ;
    }
```

Commentaires

1. L'expression :

    ```
    c - 'a'
    ```

    permet d'obtenir le « rang » dans l'alphabet du caractère contenu dans c. N'oubliez pas que le langage C considère le type char comme numérique. Plus précisément, dans le cas présent, les valeurs de c et de 'a' sont converties en int (ce qui fournit la valeur numérique de leur code) avant que ne soit évaluée l'expression c-'a'. Comme nous avons supposé que les codes des minuscules sont consécutifs, nous obtenons bien le résultat escompté.

2. Les instructions :

    ```
    if (c != '\n')
       { numl = c - 'a' ;
         if (numl >=0 && numl < 26) compte[numl]++ ;
                                 else nautres++ ;
         ntot++ ;
       }
    cprec = c;
    ```

    pourraient se condenser en :

    ```
    if ( (cprec=c) != '\n')
       { numl = c - 'a' ;
         if (numl >=0 && numl < 26) compte[numl]++ ;
                                 else nautres++ ;
         ntot++ ;
       }
    ```

Programme (basé sur la répétition du traitement d'une ligne)

```
#include <stdio.h>
#include <string.h>

main()
{  char ligne[128] ;    /* pour lire une ligne frappée au clavier */
   int  compte[26] ;    /* pour compter les différentes lettres */
   int  numl,           /* rang lettre courante dans l'alphabet */
        ntot,           /* nombre de caractères du texte */
        nautres,        /* nombre de caractères autres qu'une lettre minuscule */
        i ;
```

```
        /* initialisations */
ntot = 0 ; nautres = 0 ;
for (i=0 ; i<26 ; i++) compte[i]=0 ;

        /* lecture texte et comptages */
printf ("donnez votre texte, en le terminant par une ligne vide\n") ;
do
    { gets(ligne) ;
      for (i=0 ; i<strlen(ligne) ; i++, ntot++)
        { numl = ligne[i] - 'a' ;/* on donne le rang 0 à la lettre 'a' */
            if (numl >=0 && numl < 26) compte[numl]++ ;
                                else nautres++ ;
        }
    }
while (strlen(ligne)) ;

        /* affichage résultats */
printf ("\n\nvotre texte comporte %d caractères dont :\n", ntot) ;
for (i=0; i<26 ; i++)
    printf ("%d fois la lettre %c\n", compte[i], 'a'+i) ;
printf ("\net %d autres caractères\n", nautres) ;
}
```

Discussion

Aucun des deux programmes proposés ne pose de problème de protection vis-à-vis des réponses fournies par l'utilisateur.

Exercice **63** – Comptage de mots

Énoncé

Écrire un programme permettant de compter le nombre de mots contenus dans un texte fourni au clavier. Le texte pourra comporter plusieurs lignes et l'utilisateur tapera une ligne « vide » pour signaler qu'il en a terminé la frappe (ce qui revient à dire qu'il frappera deux fois de suite la touche *return* après avoir fourni la dernière ligne).

On admettra que deux mots sont toujours séparés par un ou plusieurs des caractères suivants :

- fin de ligne
- espace
- ponctuation :   : . , ; ? !
- parenthèses :   ( )

© Éditions Eyrolles

- parenthèses :   ( )
- guillemets :   "
- apostrophe :   '

On admettra également, pour simplifier, qu'aucun mot ne peut être commencé sur une ligne et se poursuivre sur la suivante.

On prévoira une fonction permettant de décider si un caractère donné transmis en argument est un des séparateurs mentionnés ci-dessus. Elle fournira la valeur 1 lorsque le caractère est un séparateur et la valeur 0 dans le cas contraire.

Exemple

```
donnez votre texte, en le terminant par une ligne vide
Le langage C a été conçu en 1972 par Denis Ritchie avec un objectif
très précis : écrire un "système d'exploitation" (UNIX). A cet effet,
il s'est inspiré du langage B (créé par K. Thompson) qu'il a haussé
au niveau de langage évolué, notamment en l'enrichissant de structures
et de types, et ceci tout en lui conservant ses aptitudes de
programmation proche de la machine.

votre texte comporte 68 mots
```

Solution

Analyse

Comme dans l'exercice précédent, il existe (au moins) deux démarches possibles :

- effectuer une répétition du traitement d'un caractère ;
- effectuer une répétition du traitement d'une ligne, lui-même constitué de la répétition du traitement de chacun des caractères qu'elle contient.

La première démarche aboutit à une simple boucle avec compteur. Elle demande simplement d'accéder à un seul caractère (par exemple par getchar).

La seconde démarche aboutit à deux boucles imbriquées. Elle demande d'effectuer une lecture ligne par ligne (par exemple par gets).

Là encore, nous examinerons les deux démarches et nous proposerons un programme correspondant à chacune d'entre elles.

Dans les deux démarches, tous les caractères séparateurs jouent le même rôle, à condition d'y inclure \n (si l'on travaille avec getchar) ou \0 (si l'on travaille avec gets). On peut alors dire que l'on a progressé d'un mot dans le texte, chaque fois que l'on a réalisé la séquence suivante :

- recherche du premier caractère différent d'un séparateur ;
- recherche du premier caractère égal à un séparateur.

On pourrait répéter successivement ces deux opérations, *tant que* l'on n'est pas arrivé à la fin du texte. En fait, il est plus simple d'utiliser un « indicateur logique » (nous l'appellerons mot_en_cours) et d'effectuer **pour chaque caractère** le traitement suivant :

* si le caractère est un séparateur et si mot_en_cours est vrai, augmenter de un le compteur de mots et remettre mot_en_cours à faux ;
* si le caractère n'est pas un séparateur et si mot_en_cours est faux, mettre mot_en_cours à vrai.

Quant à la condition d'arrêt, elle s'exprime différemment suivant la démarche adoptée :

* deux caractères consécutifs égaux à \n pour la première, ce qui impose de conserver en permanence la valeur du « caractère précédent » ; ce dernier sera initialisé à une valeur quelconque différente de \n pour éviter un traitement particulier du premier caractère du texte ;
* ligne vide pour la seconde.

Programme (basé sur la répétition du traitement d'un caractère)

```
#include <stdio.h>
#define VRAI 1          /* pour "simuler" des ..... */
#define FAUX 0          /* ..... valeurs logiques */

main()
{ int sep(char) ;       /* prototype fonction test "caractère séparateur ?" */
  char c,               /* pour lire un caractère frappé au clavier */
       cprec ;          /* caractère précédent */
  int nmots,            /* compteur du nombre de mots */
      fin_texte,        /* indicateurs logiques : - fin texte atteinte */
      mot_en_cours ;    /*                        - mot trouvé */

  cprec = ' ' ;
  fin_texte = FAUX ;
  mot_en_cours = FAUX ;
  nmots = 0 ;
  printf ("donnez votre texte, en le terminant par une ligne vide\n") ;

  while (!fin_texte)
    { if ( sep(c=getchar()) )
         { if (mot_en_cours)
              { nmots++ ;
                mot_en_cours = FAUX ;
              }
         }
      else mot_en_cours = VRAI ;
      if ( c=='\n' && cprec=='\n') fin_texte = VRAI ;
      cprec = c ;
    }
  printf ("\n\nvotre texte comporte %d mots :\n", nmots) ;
}
```

© Éditions Eyrolles

```
                    /*******************************************/
                    /*    fonction d'examen d'un caractère    */
                    /*******************************************/
int sep (char c)
{
    char sep[12] = {'\n',                            /* fin de ligne */
                    ' ',                             /* espace */
                    ',', ';', ':', '.', '?', '!',    /* ponctuation */
                    '(', ')',                        /* parenthèses */
                    '"', '\'' } ;                    /* guillemets, apostrophe*/
    int nsep=12,                                     /* nombre de séparateurs */
        i ;

    i = 0 ;
    while ( c!=sep[i] && i++<nsep-1 ) ;
    if (i == nsep) return (0) ;
            else return (1) ;
}
```

Commentaires

1. Nous avons introduit une variable « logique » nommée `fin_texte` qui nous facilite la détection de la fin du texte. Nous aurions pu nous en passer en introduisant une instruction `break` au sein d'une boucle `do ... while {1}` (boucle infinie).

2. Dans le traitement de chaque caractère, nous n'avons pas respecté « à la lettre » l'algorithme proposé lors de l'analyse. En effet, nous exécutons l'instruction :

```
mot_en_cours = VRAI
```

même si l'indicateur `mot_en_cours` a déjà la valeur `VRAI` ; cela nous évite un test supplémentaire, sans modifier le comportement du programme (puisque la modification ainsi apportée consiste à mettre à `VRAI` l'indicateur alors qu'il y est déjà).

3. Dans la fonction `sep`, la seule instruction :

```
while ( c!=sep[i] && i++<nsep-1 ) ;
```

permet de savoir si le caractère `c` est un séparateur. En effet, il ne faut pas oublier que l'opérateur `&&` n'évalue son second opérande que lorsque cela est nécessaire. Autrement dit, si la première condition est fausse (c'est donc égal à un séparateur), l'expression `i++<nsep-1` n'est pas évaluée et `i` n'est donc pas incrémentée. Si, par contre, cette première condition est vérifiée alors qu'on a exploré la totalité des séparateurs (i=11), la seconde condition est évaluée et elle est trouvée fausse, mais en même temps, `i` se trouve incrémentée (à 12).

En définitive, on voit qu'à la fin de cette instruction, lorsque `i` vaut 12, cela signifie que `c` ne figure pas dans la liste des séparateurs.

Programme (basé sur la répétition du traitement d'une ligne)

```c
#include <stdio.h>
#include <string.h>
#define VRAI 1          /* pour "simuler" des ..... */
#define FAUX 0          /* ..... valeurs logiques */
main()
{
    int sep(char) ;      /* prototype fonction test "caractère séparateur ?" */
    char ligne[128] ;    /* pour lire une ligne frappée au clavier */
    int  nmots,          /* compteur du nombre de mots */
         mot_en_cours,   /* indicateur logique : mot trouvé */
         i ;

    nmots = 0 ;
    mot_en_cours = FAUX ;
    printf ("donnez votre texte, en le terminant par une ligne vide\n") ;
    do
        { gets(ligne) ;
          for (i=0 ; i<=strlen(ligne) ; i++)    /* on traite aussi le '\0' */
              if ( sep(ligne[i]) )
                 { if (mot_en_cours)
                      { nmots++ ;
                        mot_en_cours = FAUX ;
                      }
                 }
              else mot_en_cours = VRAI ;
        }
    while (strlen(ligne)) ;
    printf ("\n\nvotre texte comporte %d mots :\n", nmots) ;
}
            /*********************************************/
            /*      fonction d'examen d'un caractère     */
            /*********************************************/
int sep (char c)
{
    char sep[12] = {'\0',                      /* fin de ligne (chaîne) */
                    ' ',                       /* espace */
                    ',', ';', ':', '.', '?', '!',   /* ponctuation */
                    '(', ')',                  /* parenthèses */
                    '"', '\'' } ;              /* guillemets, apostrophe*/
    int nsep=12,                               /* nombre de séparateurs */
        i ;

    i = 0 ;
    while ( c!=sep[i] && i++<nsep-1 ) ;
    if (i == nsep) return (0) ;
            else return (1) ;
}
```

© Éditions Eyrolles

Commentaires

Nous avons dû :

- d'une part, au sein de la fonction sep, remplacer le séparateur \n par \0,

- d'autre part, dans la boucle de traitement des caractères d'une ligne, traiter comme les autres ce caractère de fin de ligne (c'est-à-dire faire varier i de 0 à strlen(ligne) et non strlen(ligne)-1), afin d'éviter de compter pour un seul mot le dernier mot d'une ligne (non suivi d'un séparateur) et le premier de la suivante.

Discussion

1. En ce qui concerne la fonction d'examen d'un caractère (nommée sep), vous constatez (dans les deux versions proposées) que nous l'avons déclarée dans le programme principal (main), bien que cela soit facultatif, dans la mesure où elle fournit un résultat de type int.

2. Aucun des deux programmes proposés ne pose de problème de protection vis-à-vis des réponses fournies par l'utilisateur.

Chapitre 9
Utilisation
de structures

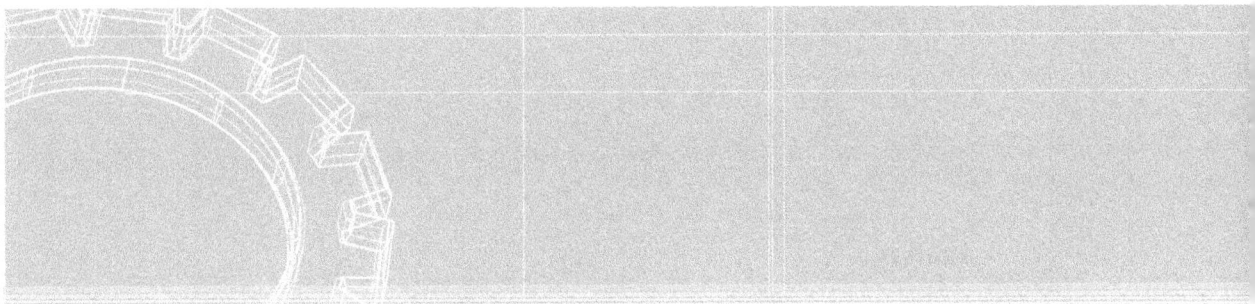

Le chapitre 1 vous a proposé des exercices faisant appel aux instructions de base du langage C. Les exercices de ce chapitre font intervenir, en plus, la notion de *structure* sous des formes diverses (en particulier les tableaux de structures et leur initialisation).

Exercice **64** – Signe du zodiaque

Énoncé

Afficher le signe du zodiaque correspondant à une date de naissance fournie en donnée, sous la forme :

```
jour mois
```

Les deux informations seront séparées par au moins un espace. La première sera fournie sous forme numérique, tandis que la seconde le sera sous forme d'une chaîne de caractères.

Nous vous rappelons que les périodes correspondant à chaque signe sont les suivantes :

```
Capricorne      23 décembre - 19 janvier
Verseau         20 janvier - 19 février
Poisson         20 février - 20 mars
Bélier          21 mars - 19 avril
Taureau         20 avril - 20 mai
Gémeau          21 mai - 20 juin
Cancer          21 juin - 21 juillet
Lion            22 juillet - 22 août
Vierge          23 août - 22 septembre
Balance         23 septembre - 22 octobre
Scorpion        23 octobre - 21 novembre
Sagittaire      22 novembre - 22 décembre
```

```
donnez votre jour et votre mois (sans accent) de naissance ?
11 july
*** erreur de nom de mois ***

    -------------------------------------
donnez votre jour et votre mois de naissance ?
16 janvier
vous êtes né sous le signe suivant : Capricorne
```

Analyse

Le programme doit être en mesure d'établir une correspondance entre le nom d'un signe et les deux dates limites correspondantes. On peut déjà noter que la date de fin d'un signe est la veille de celle de début du suivant. Nous nous contenterons donc de ne conserver qu'une seule de ces deux informations, par exemple la date de fin.

La correspondance souhaitée peut être réalisée :

- par plusieurs tableaux (jour, mois, signe) reliés par une valeur commune d'indice ;
- par un seul tableau dans lequel chaque élément est une *structure* comportant un numéro de jour, un nom de mois et un nom de signe.

Nous choisirons la seconde solution car elle permet de mieux mettre en évidence la correspondance entre les informations, au moment de l'initialisation au sein du programme.

La recherche du signe correspondant à une date donnée se fait alors de la manière suivante :

- On cherche tout d'abord l'élément (nous le nommerons x) appartenant à notre tableau de structures, dont le nom de mois correspond à celui proposé en donnée. S'il n'existe pas, on le signale par un message approprié.
- On regarde ensuite si le numéro du jour proposé est inférieur ou égal à celui de l'élément x.

Dans l'affirmative, on peut en conclure que la date proposée est antérieure à la date de fin du signe figurant dans l'élément x, ce qui fournit la réponse voulue.

© Éditions Eyrolles

Dans le cas contraire, on en conclut que la date proposée est postérieure à la date de début du signe figurant dans l'élément x ; il suffit donc d'examiner l'élément suivant pour obtenir la réponse voulue. Toutefois, si x est le dernier élément de notre tableau, il faudra considérer que son suivant est en fait le premier élément du tableau.

On remarquera que l'algorithme proposé fonctionne effectivement parce que chacun des 12 mois de l'année ne comporte qu'un seul changement de signe. Si cela n'avait pas été le cas, il aurait fallu « encadrer » la date proposée par deux dates d'éléments consécutifs de notre tableau.

Programme

```c
#include <stdio.h>
#include <conio.h>
#include <string.h>

main()
{
   struct s_date { int jour ;
                   char mois [10] ;
                   char signe [11] ;
                 } ;
   struct s_date date [12] = { 23, "decembre",  "Sagittaire",
                               20, "janvier",   "Capricorne",
                               20, "fevrier",   "Verseau",
                               21, "mars",      "Poisson",
                               20, "avril",     "Bélier",
                               21, "mai",       "Taureau",
                               21, "juin",      "Gémeau",
                               22, "juillet",   "Cancer",
                               23, "aout",      "Lion",
                               23, "septembre", "Vierge",
                               23, "octobre",   "Balance",
                               22, "novembre",  "Scorpion"
                             } ;
   int  jour_n ;              /* jour de naissance */
   char mois_n [10] ;         /* mois de naissance */
   int  nbv, i ;

                  /* lecture date de naissance */
   printf ("donnez votre jour et votre mois de naissance ?\n") ;
   scanf ("%d %s", &jour_n, mois_n) ;

           /* recherche et affichage du signe correspondant */
   i = 0 ;
   while ( stricmp(date[i].mois, mois_n) && i++<11 ) { }
```

```
    if (i<12)
        { printf ("vous êtes né sous le signe suivant : ") ;
          if (jour_n >= date[i].jour) i = (i+1)%12 ;
          printf ("%s", date[i].signe) ;
        }
      else printf ("*** erreur de nom de mois ***") ;
}
```

Commentaires

1. Nous avons défini ici un modèle de structure nommé s_date, dans lequel nous trouvons un numéro de jour, un nom de mois et le signe correspondant. Nous avons prévu 10 caractères pour le nom de mois, ce qui autorise des chaînes de longueur inférieure ou égale à 9 (compte tenu du \0 de fin) ; de même, nous avons prévu 11 caractères pour le signe.

   Le tableau nommé date est un tableau de 12 éléments ayant chacun le type s_date. Nous l'avons initialisé dans sa déclaration, ce qui permet de mettre facilement en parallèle chaque signe et sa date de fin.

2. En ce qui concerne la lecture de la date au clavier, nous n'avons pas prévu, ici, de protection vis-à-vis d'éventuelles erreurs de frappe de l'utilisateur (cela n'était pas demandé par l'énoncé).

3. Rappelons que la fonction stricmp compare, sans tenir compte de la distinction majuscules/minuscules, les deux chaînes dont on lui fournit l'adresse en argument. Elle restitue une valeur non nulle (qu'on peut interpréter comme vrai) lorsque les deux chaînes sont différentes et une valeur nulle (faux) lorsqu'elles sont égales.

4. La recherche du nom de mois est réalisée par la seule instruction :

```
while ( stricmp(date[i].mois, mois_n) && i++<11 ) {}
```

Celle-ci possède un double avantage ; tout d'abord, celui de la concision ; ensuite, celui de nous permettre de savoir directement si la recherche a été fructueuse ou non.

En effet, il ne faut pas oublier que l'opérateur && n'évalue son second opérande que lorsque cela est nécessaire. Autrement dit, si la première condition est fausse (il y a donc égalité des deux chaînes), l'expression i++<11 n'est pas évaluée et i n'est donc pas incrémentée. La valeur de i désigne alors l'élément voulu.

Si, par contre, cette première condition est vérifiée (il n'y a donc pas égalité des deux chaînes) alors qu'on est arrivé en fin de table (i=11), la seconde condition est évaluée et elle est trouvée fausse, mais en même temps i se trouve incrémentée (à 12).

En définitive, on voit que, à la fin de cette instruction, lorsque i vaut 12, cela signifie que l'élément cherché ne figure pas dans la table. Dans le cas contraire (i<12), i désigne l'élément cherché.

Bien entendu, cette « recherche en table » pouvait se programmer de beaucoup d'autres manières. Par exemple, nous aurions pu écrire :

```
while ( stricmp(date[i].mois, mois_n) && i<11 ) i++ ;
```

Toutefois, cette instruction n'est pas équivalente à la précédente. En effet, lorsque i vaut 11, cela peut signifier :

© Éditions Eyrolles

– soit que l'élément cherché est en position 11 (premier test satisfait) ;

– soit que l'élément cherché ne figure pas dans la table (second test satisfait).

Pour trancher, il est donc nécessaire, dans ce cas, d'effectuer une comparaison supplémentaire.

Notez que, par contre, une instruction telle que :

```
while ( stricmp(date[i].mois, mois_n) && i++ <= 11) {}
```

serait quelque peu erronée. En effet, dans le cas où l'élément cherché ne figurerait pas dans le tableau, on serait amené à évaluer l'expression :

```
date[i].mois
```

avec une valeur i égale à 12, c'est-à-dire désignant un élément situé en dehors du tableau. Certes, en général, cela ne serait guère visible dans le comportement du programme, dans la mesure où il est bien peu probable que cette valeur soit égale au nom de mois voulu...

Notez l'emploi de l'opérateur arithmétique % qui permet de régler le problème du signe suivant le dernier signe du tableau.

Discussion

1. Tel qu'il a été prévu, notre programme accepte des noms de mois écrits en minuscules ou en majuscules mais sans accent. Dans un programme réel, il serait souhaitable de faire preuve de plus de tolérance.

2. Notre recherche du nom de mois a été réalisée ici par un algorithme dit de **recherche séquentielle en table** (algorithme qui, comme nous l'avons vu, peut se programmer en C à l'aide d'une seule instruction). D'autres algorithmes plus rapides existent, en particulier celui dit de **recherche dichotomique**. L'exercice 78 vous en proposera un exemple.

Exercice **65** – Codage morse

Énoncé

Écrire un programme affichant le codage en morse d'un texte fourni au clavier et ne dépassant pas une « ligne » de 127 caractères. Les caractères susceptibles d'être codés en morse sont :

- les 26 lettres de l'alphabet (supposées tapées en **majuscules**) ;
- les 10 chiffres de 0 à 9 ;
- le point.

Si le texte contient d'autres caractères que ceux-ci, le programme affichera simplement des points d'interrogation à la place du code morse.

Tableau des codes morses

```
A  .-        B  -...     C  -.-.     D  -..      E  .
F  ..-.      G  --.      H  ....     I  ..       J  .---
K  -.-       L  .-..     M  --       N  -.       O  ---
```

```
        P  .--.        Q  --.-       R  .-.        S  ...        T  -
        U  ..-         V  ...-       W  .--        X  -..-       Y  -.--
        Z  --..        .  .-.-.-
        0  -----       1  .----      2  ..---      3  ...--      4  ....-
        5  ....        6  -....      7  --...       8  ---..      9  ----.
```

Exemple

```
donnez votre message (1 ligne maxi) :
LE LANGAGE C, CONCU EN 1972, EST L"OEUVRE DE DEIS RITCHIE.

 voici la traduction de votre message
 .-..       . ?????? .-..       .-       -.    --.       .-  ---.       .
??????  -.-. ?????? ??????  -.-.      ---       -.  -.-.      ..- ??????
    .      -. ?????? .----  ----.  --...  ..--- ?????? ??????       .
 ...       - ?????? .-.. ??????      ---       .    ..-  ...-       .-.
    . ??????  -..       . ??????  -..       .       -.       ..       ...
??????    .-.       ..       -    -.-.  ....       ..       . .-.-.-.
```

Solution

Analyse

Le programme doit donc être en mesure d'établir une correspondance entre un caractère et son code morse. Là encore, nous pourrions utiliser deux tableaux reliés par une valeur commune d'un indice. Mais l'emploi d'un tableau de structures permet de mieux mettre en évidence la correspondance entre les informations, lors de l'initialisation. Chaque élément (structure) du tableau contiendra :

- un caractère ;
- le code morse correspondant, exprimé sous forme d'une chaîne.

Le codage d'un caractère se fera alors simplement par sa localisation dans le tableau.

Programme

```c
#include <stdio.h>
#include <string.h>
#define NL 37                       /* nombre de caractères codés */

main()
{
   struct code { char lettre ;
                 char * morse ;
               } ;
   struct code table[NL] =                          /* code morse */
           { 'A', ".-",       'B', "-...",     'C', "-.-.",
             'D', "-..",      'E', ".",        'F', "..-.",
             'G', "--.",      'H', "....",     'I', "..",
             'J', ".---",     'K', "-.-",      'L', ".-..",
             'M', "--",       'N', "-.",       'O', "---",
```

© Éditions Eyrolles

```
                            'P', ".--.",      'Q', "--.-",      'R',".-.",
                            'S', "...",       'T', "-",         'U', "..-",
                            'V', "...-",      'W', ".--",       'X', "-..-",
                            'Y', "-.--",      'Z', "--..",
                            '.', ".-.-.-",
                            '0', "-----",     '1', ".----",     '2', "..---",
                            '3', "...--",     '4', "....-",     '5', ".....",
                            '6', "-....",     '7', "--...",     '8', "---..",
                            '9', "----."
                      } ;
          char ligne[128] ;                    /* pour lire une ligne au clavier */
          int i, j ;

                /* lecture message à traduire */
          printf ("donnez votre message (1 ligne maxi) : \n") ;
          gets (ligne) ;
          printf ("\n\n voici la traduction de votre message\n") ;

                /* traduction lettre par lettre */
          for (i=0 ; i<strlen(ligne) ; i++)

            { j=0 ;
              while (ligne[i] != table[j].lettre && j++<NL-1) ;
              if (j<NL) printf ("%7s", table[j].morse) ;
                  else  printf (" ??????") ;
              if ( ! ((i+1)%10) ) printf ("\n") ;   /* 10 codes morse par ligne */
            }
        }
```

Commentaires

Nous avons défini un modèle de structure, nommé code, dans lequel nous trouvons :

- un caractère ;

- un **pointeur** sur une chaîne de caractères destinée à contenir le code morse correspondant.

Notez que, contrairement à ce que nous avions fait dans le programme de l'exercice précédent, nous avons prévu ici un *pointeur sur une chaîne* et non un *tableau de caractères*.

Dans ces conditions, le tableau table occupera seulement 37 (valeur de NL) emplacements dont la taille sera généralement de 3 ou 5 octets (1 pour le caractère et 2 ou 4 pour le pointeur). L'emplacement même des chaînes correspondantes se trouve cependant réservé à la compilation, de par le fait que nous avons initialisé ce tableau lors de sa déclaration. Il ne faut pas oublier, en effet, qu'une notation telle que :

```
".-.-."
```

est interprétée par le compilateur comme représentant l'adresse de la chaîne fournie, mais qu'en même temps il lui réserve un emplacement.

Cette façon de procéder peut se révéler plus économique en place mémoire que la précédente, dans la mesure où chaque chaîne n'occupe que l'espace qui lui est nécessaire (il faut toutefois ajouter, pour chaque chaîne, l'espace nécessaire à un pointeur).

Remarque

En toute rigueur, le tableau `table` est de classe automatique (puisqu'il apparaît au sein d'une fonction - ici le programme principal). Son emplacement est donc alloué au moment de l'exécution du programme (c'est-à-dire, ici, dès le début). Les constantes chaînes, par contre, voient leurs emplacements définis dès la compilation.

Si notre tableau `table` avait été déclaré de manière globale, il aurait été de classe `statique`. Son emplacement aurait alors été réservé dès la compilation.

Une telle distinction est toutefois relativement formelle et elle n'a guère d'incidence en pratique. Il est, en effet, généralement, assez tentant de considérer les variables déclarées dans le programme principal comme « quasi statiques », dans la mesure où, bien que non réservées à la compilation, elles n'en n'occupent pas moins de l'espace pendant toute la durée de l'exécution du programme.

La recherche du caractère dans notre tableau `table` est réalisée par la seule instruction :

```
while (ligne[i] != table[j].lettre && j++<NL-1) ;
```

Discussion

Dans un programme « réel », il faudrait prévoir d'accepter un message de plus d'une ligne, ce qui poserait le problème de sa mémorisation. On pourrait être amené, soit à lui imposer une taille maximale, soit à se tourner vers des méthodes de « gestion dynamique ».

Exercice 66 – Décodage morse

Énoncé

Écrire un programme permettant de décoder un message en morse fourni au clavier sous forme d'une suite de caractères. Celle-ci pourra comporter :

- des points et des tirets représentant les codes proprement dits ;
- un ou plusieurs espaces pour séparer les différents codes (on n'imposera donc pas à l'utilisateur d'employer un « gabarit » fixe pour chaque code).

On supposera que le message fourni ne dépasse pas une ligne de 127 caractères. Les codes inexistants seront traduits par le caractère ?.

On utilisera le tableau des codes morses fourni dans l'exercice précédent (65).

© Éditions Eyrolles

Donnez votre message (1 ligne maxi) :

```
 -...   ---  -.     .---    ---     ..-  .-.    .-.-.-   .-.-.
```

```
 voici la traduction de votre message
 B O N J O U R . ?
```

Analyse

Ce programme doit donc établir une correspondance entre un code morse et un caractère. Nous pouvons, pour ce faire, utiliser la même structure que dans l'exercice précédent. Le décodage d'un caractère se fera alors en explorant, non plus la partie caractère, mais la partie chaîne du tableau de structure. L'algorithme de recherche sera donc similaire, la comparaison de caractères étant remplacée par une comparaison de chaînes.

En ce qui concerne le message en morse, nous pouvons le lire par *gets* dans un tableau de 128 caractères, nommé `ligne`. Le principal problème qui se pose alors à nous est celui de l'accès à chacun des codes morses contenus dans `ligne` ; en effet, ceux-ci sont écrits avec un gabarit variable et séparés par un nombre variable d'espaces.

Nous proposons de répéter le traitement suivant, fondé sur l'emploi d'un pointeur de caractères (indice) dans le tableau `ligne` :

- Avancer le pointeur, tant qu'il désigne un espace.
- Extraire, à partir de la position indiquée par le pointeur, à l'aide de `sscanf`, une chaîne de longueur maximale 7 (puisque aucun code morse ne dépasse cette longueur). Pour cela, nous ferons appel au code format `%7s`, lequel interrompt l'exploration, soit quand un séparateur est rencontré, soit lorsque la longueur indiquée (7) est atteinte.
- Incrémenter le pointeur de la longueur de la chaîne ainsi lue (car, bien sûr, il n'aura pas été modifié par `sscanf`).

Programme

```c
#include <stdio.h>
#include <string.h>
#define NL 37                    /* nombre de caractères codés */
#define LG 127                   /* longueur ligne clavier */

main()
{
   struct code { char lettre ;
                 char * morse ;
               } ;
   struct code table[NL] =                              /* code morse */
           { 'A', ".-",      'B', "-...",     'C', "-.-.",
             'D', "-..",     'E', ".",        'F', "..-.",
```

```
                'G', "--.",        'H', "....",        'I', "..",
                'J', ".---",       'K', "-.-",         'L', ".-..",
                'M', "--",         'N', "-.",          'O', "---",
                'P', ".--.",       'Q', "--.-",        'R',"-.-",
                'S', "...",        'T', "-",           'U', "..-",
                'V', "...-",       'W', ".--",         'X', "-..-",
                'Y', "-.--",       'Z', "--..",
                '.', ".-.-.-",
                '0', "-----",      '1', ".----",       '2', "..---",
                '3', "...--",      '4', "....-",       '5', ".....",
                '6', "-....",      '7', "--...",       '8', "---..",
                '9', "----."
            } ;
    char ligne[LG+1] ;                      /* pour lire une ligne au clavier */
    char code[7] ;                          /* code courant à traduire */
    int i, j ;

          /* lecture message à traduire */
    printf ("donnez votre message (1 ligne maxi) : \n") ;
    gets (ligne) ;
    printf ("\n\n voici la traduction de votre message\n") ;

          /* traduction code par code */
    i=0 ;
    while (i<strlen(ligne))
       {
        while (ligne[i] == ' ') i++ ;      /* saut des espaces éventuels */
        if ( i<strlen(ligne) )                  /* si pas en fin de ligne */
          { sscanf (&ligne[i], "%6s", code); /* lecture code (6 car max) */
            i += strlen(code) ;             /* incrément pointeur dans ligne */
            j=0 ;                           /* recherche code dans table */
            while ( stricmp (code, table[j].morse) && j++<NL-1 ) ;
            if (j<NL) printf ("%2c", table[j].lettre) ;  /* code trouvé */
              else  printf (" ?") ;                /* code non trouvé */
          }
       }
    }
```

Commentaires

1. Dans la boucle de saut des espaces éventuels, on ne risque pas d'aller au-delà de la fin de la chaîne contenue dans ligne, car le caractère de fin (\0), différent d'un espace, servira de « sentinelle ».

2. Par contre, avant d'extraire un nouveau code par sscanf, il est nécessaire de s'assurer que l'on n'est pas parvenu en fin de ligne. En effet, dans ce cas, sscanf fournirait une suite de caractères constituée du caractère \0 (qui n'est pas considéré par cette fonction comme un séparateur) et des caractères suivants (prélevés en dehors du tableau ligne). Notez que, en

© Éditions Eyrolles

l'absence d'un tel test, le mal ne serait pas très grave puisqu'il reviendrait simplement à placer au plus 7 caractères dans `code`, commençant par `\0`.

3. La recherche du code morse dans le tableau `table` est réalisée par la seule instruction :

```
while ( stricmp (code, table[j].morse) && j++<NL-1) ;
```

Les remarques faites dans le quatrième commentaire de l'exercice 64, à propos de la recherche séquentielle en table, s'appliquent également ici.

Discussion

Notre programme ne détecte pas le cas où l'utilisateur fournit un code morse de plus de 6 caractères. Dans ce cas, en effet, il se contente de le « découper » en tranches de 6 caractères (la dernière tranche pouvant avoir une longueur inférieure).

Si l'on souhaitait détecter ce genre d'anomalie, il faudrait, après chaque examen d'un code, s'assurer qu'il est effectivement suivi d'un espace ou d'une fin de chaîne.

Exercice **67** – Facturation par code

Énoncé

Réaliser un programme établissant une facture pouvant porter sur plusieurs articles. Pour chaque article à facturer, l'utilisateur ne fournira que la quantité et un numéro de code à partir duquel le programme devra retrouver à la fois le libellé et le prix unitaire.

Le programme devra refuser les codes inexistants. À la fin, il affichera un récapitulatif tenant lieu de facture.

Les informations relatives aux différents articles seront définies dans le source même du programme (et non dans un fichier de données). Elle seront toutefois placées à un niveau **global**, de manière à pouvoir, le cas échéant, faire l'objet d'un source séparé, appelable par `#include`.

On prévoira deux fonctions :

- une pour rechercher les informations relatives à un article, à partir de son numéro de code ;
- une pour afficher la facture récapitulative.

```
combien d'articles à facturer ? 3
code article ? 25
quantité de Centrifugeuse au prix unitaire de   370.00 ? 33
code article ? 7
** article inexistant - redonnez le code : 16
quantité de Grille-pain au prix unitaire de   199.50 ? 12
code article ? 26
quantité de Four à raclette 6P au prix unitaire de   295.25 ? 6
```

```
                        FACTURE

        ARTICLE              NBRE    P-UNIT      MONTANT

        Centrifugeuse         33     370.00     12210.00
        Grille-pain           12     199.50      2394.00
        Four raclette 6P       6     295.25      1771.50


           TOTAL                                16375.50
```

Solution

Analyse

L'énoncé nous précise que les codes d'articles sont numériques, mais il ne dit pas qu'ils sont *consécutifs*. Dans ces conditions, il est nécessaire de mémoriser les différentes valeurs possibles de ces codes. Comme nous devons pouvoir associer à chaque code un libellé (chaîne) et un prix (réel), nous pouvons songer à utiliser un tableau de structures, dans lequel chaque élément contient les informations relatives à un article (code, libellé, prix unitaire). Ce tableau sera, comme demandé par l'énoncé, déclaré à un niveau global et initialisé dans sa déclaration.

Le travail de la fonction de recherche (nous la nommerons `recherche`) consistera à vérifier la présence du code d'article dans le tableau de structure ainsi défini. En cas de succès, elle en restituera le rang (ce qui sera suffisant au programme principal pour afficher les informations correspondantes). Dans le cas contraire, elle restituera la valeur -1. Notez que le code d'article sera le seul argument de cette fonction.

Nous voyons donc déjà comment, pour chaque code (correct) fourni par l'utilisateur, afficher les informations correspondantes avant d'en demander la quantité. Mais, compte tenu de ce que l'édition de la facture doit être faite après les saisies relatives à tous les articles, nous devons obligatoirement, pour chaque article à facturer, conserver :

- la quantité ;

- une information permettant d'en retrouver le libellé et le prix unitaire. Nous pourrions, certes, archiver ces informations dans un tableau. Mais, en fait, cela n'est pas nécessaire puisqu'il est possible de les retrouver à partir du rang de l'article dans la structure (le code article conviendrait également, mais il nous faudrait alors explorer à nouveau notre tableau de structures lors de l'édition de la facture).

Ces deux informations seront conservées dans deux tableaux (nommés `qte` et `rangart`) comportant autant d'éléments que d'articles à facturer (on en prévoira un nombre maximal).

La fonction d'édition de la facture (nommée `facture`) se contentera alors d'explorer séquentiellement ces deux tableaux pour retrouver toutes les informations nécessaires. Elle recevra, en argument, les adresses des deux tableaux (`qte` et `rangart`), ainsi que le nombre d'articles à facturer.

© Éditions Eyrolles

Programme

```c
#include <stdio.h>

/* ------  structure contenant les informations relatives aux        */
/*                 différents articles                -------------   */
#define NBART 6                        /* nombre total d'articles */
typedef struct { int code ;           /* code article */
                 char * lib ;          /* libellé */
                 float pu ;            /* prix unitaire */
               } t_article ;
t_article article [NBART] =
     { 11, "Gaufrier",          268.0,
       14, "Cafetière 12 T",    235.0,
       16, "Grille-pain",       199.50,
       19, "Balance de ménage", 278.0,
       25, "Centrifugeuse",     370.0,
       26, "Four raclette 6P",  295.25
     } ;
/* -------------------------------------------------------------------*/

#define NAFMAX 10                   /* nombre maxi d'articles à facturer */

main()
{
   int recherche(int) ;             /* proto fonction de recherche d'un article */
   void facture(int[], int[], int) ; /* proto fonction d'affichage de la facture */
   int naf,                         /* nombre d'articles à facturer */
       rang,                        /* rang courant d'un article */
       codart,                      /* code courant d'un article */
       i ;
   int rangart [NAFMAX],            /* rang des articles à facturer */
       qte [NAFMAX] ;               /* quantité de chaque article à facturer */

          /* entrée du nombre d'articles à facturer */
   printf ("combien d'articles à facturer ? ") ;
   scanf ("%d", &naf) ;

          /* boucle de traitement de chaque article à facturer */
   for (i=0 ; i<naf ; i++)
     {
        printf ("code article ? ") ;
        do
          { scanf ("%d", &codart) ;
            rang = recherche (codart) ;
            if (rang == -1)
                  printf (" ** article inexistant - redonnez le code : ") ;
          }
        while (rang == -1) ;
```

```
              rangart[i] = rang ;
              printf ("quantité de %s au prix unitaire de %8.2f ?   ",
                     article[rang].lib, article[rang].pu) ;
              scanf ("%d", &qte[i]) ;
          }

            /* affichage facture */
       facture (rangart, qte, naf) ;
   }


       /************************************************************/
       /*         fonction de recherche d'un code article         */
       /************************************************************/
   int recherche (int codart)
   {
      int rang ;                      /* rang courant d'un article */
      rang = 0 ;
      while (article[rang].code != codart && rang++ < NBART-1) {} ;
      if (rang <NBART) return (rang) ;
               else return (-1) ;
   }


       /************************************************************/
       /*         fonction d'affichage de la facture              */
       /************************************************************/
   void facture(int rangart[], int qte[], int naf)
    /* rangart : tableau des rangs des codes articles */
    /* qte :tableau des prix unitaires */
    /* naf :nombre d'articles à facturer */
   {
      float somme,                    /* total facture */
            montant ;                 /* montant relatif à un article */
      int i ;

      printf ("\n\n %32s\n\n", "FACTURE") ;
      printf ("%-20s%5s%10s%12s\n\n",
             "ARTICLE", "NBRE", "P-UNIT", "MONTANT") ;
      somme = 0 ;
      for (i=0 ; i<naf ; i++)
         { montant = article[rangart[i]].pu * qte[i] ;
           printf ("%-20s%5d%10.2f%12.2f\n",
                   article[rangart[i]].lib, qte[i],
                   article[rangart[i]].pu, montant) ;
           somme += montant ;
         }
      printf ("\n\n%-35s%12.2f", "        TOTAL", somme) ;
   }
```

© Éditions Eyrolles

Commentaires

1. Nous avons choisi ici d'utiliser `typedef` pour définir sous le nom `t_article` la structure correspondant à un article. Vous constatez que le libellé y apparaît sous la forme d'un pointeur sur une chaîne et non d'une chaîne ou d'un tableau de caractères. Dans ces conditions, le tableau `article`, déclaré de ce type, n'occupera que 6 emplacements de petite taille (généralement 6 ou 8 octets).
2. Là encore, une seule instruction permet d'effectuer la recherche d'un code article dans le tableau `article`. Voyez, à ce propos, les remarques faites dans le quatrième commentaire de l'exercice 64.
3. Le code format `%-20s`, utilisé à deux reprises dans la fonction `facture`, permet de « cadrer » une chaîne à gauche.

Discussion

1. Notre programme n'est pas protégé contre des réponses incorrectes de la part de l'utilisateur. En particulier, une réponse non numérique peut entraîner un comportement assez désagréable. Dans un programme réel, il serait nécessaire de régler convenablement ce type de problème, par exemple en utilisant `fgets (..., stdin)` et `sscanf`.
2. De même, dans un programme réel, il pourrait être judicieux de demander à l'utilisateur de confirmer que le produit cherché est bien celui dont on vient de lui afficher les informations.
3. La précision offerte par le type `float` (6 chiffres significatifs) peut se révéler insuffisante.

Chapitre 10
Hasard et récréations

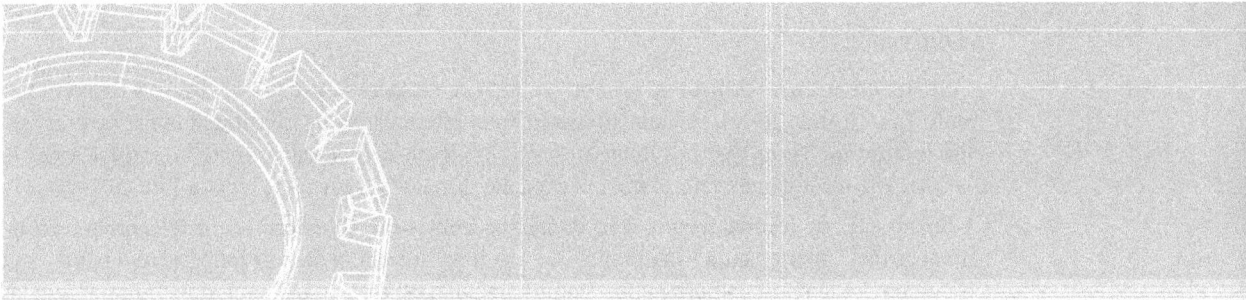

Ce chapitre vous propose un certain nombre d'exercices correspondant à la réalisation de programmes récréatifs, basés sur l'utilisation du **hasard**.

Les deux premiers exercices sont essentiellement destinés à vous montrer comment générer des nombres aléatoires en langage C.

Exercice **68** – Tirage aléatoire

Énoncé

Écrire une `fonction` fournissant un nombre entier tiré au hasard entre 0 (inclus) et une valeur n (incluse) fournie en argument.

Réaliser un programme principal utilisant cette fonction pour examiner la « distribution » des valeurs ainsi obtenues dans l'intervalle [0, 10]. Le nombre de tirages à réaliser sera lu en donnée et le programme affichera le nombre de fois où chacune de ces valeurs aura été obtenue.

Exemple

```
combien de tirages : 1100
nombre de tirages obtenus
    0 :    106
    1 :     95
    2 :    115
    3 :     95
    4 :     91
    5 :    103
    6 :    103
    7 :    101
    8 :     92
    9 :     94
   10 :    105
```

Indication

Il est nécessaire de faire appel à la fonction rand de la « bibliothèque standard ».

Solution

Analyse

Cette fonction rand fournit un nombre entier, tiré de façon « pseudo-aléatoire » dans l'intervalle [0, RAND_MAX], chaque nombre de cet intervalle ayant quasiment la même probabilité d'être tiré. Notez que la valeur de RAND_MAX est définie dans stdlib.h ; d'après la norme, elle n'est jamais inférieure à la capacité minimale d'un int, c'est-à-dire 32767.

Pour aboutir au résultat voulu, une démarche consiste à transformer un tel nombre en un nombre réel appartenant à l'intervalle [0,1[. Il suffit ensuite de multiplier ce réel par $n+1$ et d'en prendre la partie entière pour obtenir le résultat escompté. On peut alors montrer que les valeurs 0, 1, ... $n-1$, n sont quasi équiprobables.

Pour obtenir un tel nombre aléatoire, nous pouvons diviser le nombre fourni par rand par la valeur RAND_MAX+1 (il faut éviter de diviser par RAND_MAX, car la valeur 1 risquerait alors d'être obtenue – en moyenne une fois sur RAND_MAX !). Là encore, on peut, de manière formelle, montrer que si la loi de probabilité est uniforme sur [0,1[, il en va de même de celle du nombre ainsi fabriqué dans l'intervalle d'entiers [0,n].

Programme

```
#include <stdio.h>
#include <stdlib.h>          /* pour la fonction rand */

#define N 10                 /* les tirages se feront entre 0 et N */

main()
{
    int aleat (int) ;        /* prototype fonction de tirage aléatoire */
    int ntir,                /* nombre de tirages requis */
        t[N+1],              /* tableau comptage tirages de chaque valeur */
        i ;
```

© Éditions Eyrolles

```
     printf ("combien de tirages : ") ;
     scanf ("%d", &ntir) ;
     for (i=0 ; i<=N ; i++)
        t[i] = 0 ;
     for (i=1 ; i<=ntir ; i++)
        t[aleat(N)]++ ;
     printf ("nombre de tirages obtenus\n") ;
     for (i=0 ; i<=N ; i++)
        { printf ("%4d : ", i) ;
          printf ("%6d\n", t[i]) ;
        }
}

     /************************************************************/
     /* fonction de tirage aléatoire d'un nombre dans [0, n] */
     /************************************************************/
int aleat (int n)
{
   int i ;
   i =  rand() / (RAND_MAX + 1.) * (n+1) ;
   return (i) ;
}
```

Commentaires

Dans la fonction *aleat*, la division par RAND_MAX+1 doit bien sûr s'effectuer sur des valeurs réelles. Mais, de plus, il faut prendre garde à ne pas écrire le diviseur sous la forme RAND_MAX + 1. En effet, celui-ci serait évalué dans le type int et, dans le cas (fréquent) où la valeur de RAND_MAX est exactement la valeur maximale du type int, l'addition de 1 à RAND_MAX conduirait à la valeur... -1 (le dépassement de capacité n'étant jamais détecté en cas d'opérations sur des entiers).

Discussion

En général, la fonction rand fournit toujours la même suite de valeurs, d'une exécution à une autre. L'exercice suivant vous montre comment éviter ce phénomène.

Exercice **69** – Tirage aléatoire variable

Énoncé

Écrire une fonction fournissant un nombre entier tiré au hasard entre 0 et une valeur n fournie en argument. La suite des valeurs restituées par cette fonction (lorsqu'on l'appelle à diverses reprises) devra être différente d'une exécution à une autre et ne pas dépendre d'une quelconque information fournie par l'utilisateur.

Comme dans l'exercice précédent, on réalisera un programme principal utilisant cette fonction pour examiner la « distribution » des valeurs ainsi obtenues dans l'intervalle [0,10]. Pour ce faire, on lira en données le nombre de tirages à réaliser et le programme affichera le nombre de fois où chacune des valeurs aura été obtenue.

Suggestion

Il faut « initialiser » convenablement le « générateur de nombres aléatoire », en utilisant la fonction srand. La « graîne » nécessaire peut être fabriquée à l'aide de la fonction time, de façon à avoir un caractère suffisamment imprévisible.

Exemples

(Il s'agit là des résultats correspondant à deux exécutions différentes du même programme.)

```
combien de tirages : 1100
nombre de tirages obtenus
     0 :     124
     1 :     104
     2 :      97
     3 :      97
     4 :      89
     5 :      93
     6 :     105
     7 :     109
     8 :     110
     9 :      89
    10 :      83

    ------------------
combien de tirages : 1100
nombre de tirages obtenus
     0 :     104
     1 :      98
     2 :      98
     3 :     106
     4 :      98
     5 :      97
     6 :      99
     7 :     109
     8 :      99
     9 :      96
    10 :      96
```

Solution

Analyse

En langage C, la fonction srand permet d'initialiser le générateur de nombres aléatoires. Il faut cependant lui fournir une « graîne », c'est-à-dire un nombre entier (de type unsigned int) qui déterminera le premier nombre tiré par rand. Cette méthode permet ainsi, si on le souhaite, d'obtenir à volonté une même suite de nombres aléatoires ; il faut d'ailleurs noter que, par défaut, tout se passe comme si srand était appelé, en début de l'exécution d'un programme, avec l'argument 1.

© Éditions Eyrolles

Ici, par contre, nous souhaitons obtenir une suite différente d'une exécution à une autre. Une solution à ce problème consiste à choisir une graîne aléatoire. Bien sûr, il n'est pas question de faire appel à `rand` dans ce cas. Par contre, la fonction `time` fournit une `date`, exprimée en secondes. Celle-ci possède un caractère suffisamment imprévisible pour être utilisée comme graîne.

Cette initialisation du générateur de nombres aléatoires doit toutefois n'être réalisée qu'une seule fois pour une exécution donnée. Dans le cas contraire, on risquerait, en effet, d'obtenir plusieurs fois de suite les mêmes nombres. Si l'on souhaite que ce problème soit pris en charge par la fonction de tirage d'un nombre elle-même, il est nécessaire que cette dernière soit capable de le faire lors de son premier appel (et uniquement à ce moment-là). Ce mécanisme passe par l'emploi d'une variable de classe `statique`.

Programme

```c
#include <stdio.h>
#include <stdlib.h>          /* pour la fonction rand */
#include <time.h>            /* pour la fonction time */

#define N 10                 /* les tirages se feront entre 0 et N */

main()
{
   int aleat (int) ;         /* prototype fonction de tirage aléatoire */
   int ntir,                 /* nombre de tirages requis */
       t[N+1],               /* tableau comptage tirages de chaque valeur */
       i ;

   printf ("combien de tirages : ") ;
   scanf ("%d", &ntir) ;
   for (i=0 ; i<=N ; i++)
      t[i] = 0 ;
   for (i=1 ; i<=ntir ; i++)
      t[aleat(N)]++ ;
   printf ("nombre de tirages obtenus\n") ;
   for (i=0 ; i<=N ; i++)
      { printf ("%4d : ", i) ;
        printf ("%6d\n", t[i]) ;
      }
}
```

```
/**********************************************************/
/* fonction de tirage aléatoire d'un nombre dans [0, n] */
/**********************************************************/
int aleat (int n)
{
    int i ;
    static int prem = 1 ;  /* drapeau premier appel */
    time_t date ;          /* pour l'argument de time */
                           /* time_t est un type entier défini dans time.h */

            /* initialisation générateur au premier appel */
    if (prem)
        { srand (time(&date)) ;
          prem = 0 ;
        }

            /* génération nombre */
    i = rand() / (RAND_MAX + 1.) * (n+1) ;
    return (i) ;
}
```

Commentaires

1. Le mécanisme du traitement particulier à effectuer au premier appel est réalisé grâce à la variable prem, déclarée de classe statique. Cette variable est initialisée à un, lors de la compilation. Dès le premier appel, elle est mise à zéro et elle gardera ensuite cette valeur jusqu'à la fin de l'exécution du programme. Ainsi, la fonction srand n'est effectivement appelée qu'une seule fois, lors du premier appel de notre fonction aleat.

2. La fonction time fournit en retour le temps (exprimé en secondes) écoulé depuis une certaine « origine » dépendant de l'implémentation. Le type de cette valeur dépend, lui aussi, de l'implémentation ; toutefois, la norme prévoit qu'il existe, dans time.h, un symbole time_t (défini par typedef) précisant le type effectivement employé. Ici, lorsque nous transmettons cette valeur à srand, il est possible qu'apparaisse une conversion du type time_t dans le type unsigned int ; ici, cela n'a guère d'importance, dans la mesure où, même si cette conversion est « dégradante », la valeur obtenue restera imprévisible pour l'utilisateur.

D'autre part, la fonction time ne se contente pas de fournir une « heure » en retour ; elle range également cette **même information** à l'adresse qu'on lui fournit (obligatoirement) en argument ; c'est ce qui justifie l'existence de la variable date (qui n'est pas utilisée par ailleurs) et qui doit, ici, absolument être déclarée dans le « bon type », sous peine de risquer d'aboutir à un écrasement intempestif de données (dans le cas où on aurait déclaré date d'un type « plus petit » que le type effectif).

© Éditions Eyrolles

Exercice 70 – Aléa d'étoiles

Énoncé

Afficher au hasard un certain nombre d'étoiles (caractère *) à l'intérieur d'un rectangle. Le nombre d'étoiles souhaitées, ainsi que le nombre de lignes et de colonnes du rectangle seront fournis en données.

Le programme vérifiera que la zone est assez grande pour recevoir le nombre d'étoiles requis. On évitera que plusieurs étoiles ne soient superposées.

```
combien de lignes : 10
combien de colonnes : 45
combien de points : 200
** *    ****   ** ***  * ** ***   *      *** **
    *    * *  ** * ** * * ****** * **     **
  *   *    ** * *  * *****   *** **    *  *** * *
    * ***  *  *        *  * *    **   *  *   **
  * * **  ** ** **** ** ** ** ** * *      *  *
       * *  **     *** *   *  * **  * *   * * **
      ***  ** **       *  **      * *    * * **
       *      * * *      * ***** **    ** * *
        *  *  *****     **   *** * ** * *****
  ****     *  *   ***     *   ** **** *  *****
```

Analyse

Nous utiliserons un tableau de caractères à deux dimensions, dans lequel chaque élément représentera une case de notre rectangle. Nous conviendrons que le premier indice représente le rang de la ligne et que le second indice représente le rang de la colonne. Comme l'utilisateur doit pouvoir choisir les dimensions du rectangle concerné, nous prévoirons de donner à notre tableau une taille suffisante pour couvrir tous les cas possibles (nous avons choisi, ici, 25 lignes de 80 caractères) ; cela signifie que, la plupart du temps, le programme n'utilisera qu'une partie de ce tableau.

Au départ, nous initialiserons tous les éléments de la « partie utile » de ce tableau avec le caractère espace. Nous choisirons ensuite au hasard les éléments dans lesquels nous devrons placer un caractère *. Pour ce faire, il nous suffira de tirer au hasard un numéro de ligne et un numéro de colonne jusqu'à ce que l'emplacement correspondant soit disponible (caractère espace). L'algorithme de tirage au hasard d'un nombre entier appartenant à un intervalle donné a été exposé dans l'analyse de l'exercice 68.

Il ne nous restera plus qu'à afficher, par exemple avec la fonction putchar, les différents éléments de notre tableau, en prévoyant un « changement de ligne » aux moments opportuns.

Programme

```
#include <stdio.h>
#include <stdlib.h>
#include <string.h>              /* pour memset */
#include <time.h>
#define NY 25                    /* nombre total de lignes de l'écran */
#define NX 80                    /* nombre total de colonnes de l'écran */
main()
{
    int aleat (int) ;            /* prototype fonction tirage aléatoire */
    int ny,                      /* nombre de lignes du rect. considéré */
        nx,                      /* nombre de col. du rect. considéré */
        ix,                      /* colonne courante */
        iy,                      /* ligne courante */
        nb_points,               /* nombre de points à tirer */
        i, j ;
    char ecran [NX] [NY] ;       /* image de l'écran */
    const char blanc = ' ',      /* caractère de remplissage */
               point = '*' ;     /* représentation d'un point */

                    /* entrée des dimensions du rectangle considéré ...
                               ... et du nombre de points souhaités */
    do
       { printf ("combien de lignes : ") ;
         scanf ("%d", &ny) ;
       }
    while (ny<=0 || ny>=NY) ;
    do
       { printf ("combien de colonnes : ") ;
         scanf ("%d", &nx) ;
       }
    while (nx<=0 || nx>=NX) ;
    do
       { printf ("combien de points : ") ;
         scanf ("%d", &nb_points) ;
       }
    while (nb_points > nx*ny || nb_points < 1 ) ;

          /* remplissage aléatoire du tableau image d'écran */
    memset (ecran, blanc, NX*NY) ;
    for (i=1 ; i<=nb_points ; i++)
       { do
            { ix = aleat (nx-1) ;
              iy = aleat (ny-1) ;
            }
         while ( ecran [ix] [iy] != blanc) ;
         ecran [ix] [iy] = point ;
       }
```

© Éditions Eyrolles

```
                 /* affichage du tableau image d'écran */
        for (j=0 ; j<ny ; j++)
          { for (i=0 ; i<nx ; i++)
              putchar ( ecran [i] [j] ) ;
            printf ("\n") ;
          }
      }


          /*****************************************************/
          /* fonction de tirage aléatoire d'un nombre dans [0,n] */
          /*****************************************************/
    int aleat (int n)
    {
       int i ;
       static int prem = 1 ;              /* drapeau premier appel */
       time_t date ;                      /* pour l'argument de time */

            /* initialisation générateur au premier appel */
       if (prem)
         { srand (time(&date) ) ;
           prem = 0 ;
         }

            /* génération nombre aléatoire */
       i =  rand() / (RAND_MAX + 1.) * (n+1) ;
       return (i) ;
    }
```

Commentaires

1. L'initialisation de la partie utile du tableau avec le caractère espace aurait pu se programmer ainsi :

```
    for (i=0 ; i<nx ; i++)
      for (j=0 ; j<ny ; j++)
        ecran [i][j] = ' ' ;
```

Ici, nous avons préféré faire appel à la fonction memset, d'exécution plus rapide. Toutefois, celle-ci remplit d'un caractère donné une suite d'octets consécutifs ; ceci exclut donc de limiter l'initialisation à la partie utile du tableau. Il ne faut pas oublier, en effet, que celle-ci n'est pas formée de nx*ny octets consécutifs (quoique, en toute rigueur, en tenant compte de la manière dont sont rangés en mémoire les différents éléments d'un tableau, il soit possible de limiter l'initialisation à nx*NY éléments consécutifs).

2. Nous avons repris la fonction aleat de l'exercice précédent. Celle-ci tire une valeur entière au hasard entre 0 et une limite qu'on lui fournit en argument ; de plus, lors de son premier appel, elle effectue une initialisation du générateur de nombres aléatoires.

Exercice 71 – Estimation de pi

Énoncé

Calculer une valeur approchée de `pi`, par la méthode suivante :

- on tire un certain nombre de points au hasard dans un carré donné ;
- on détermine le rapport entre le nombre de ces points appartenant au cercle inscrit dans le carré et le nombre total de points tirés. Ce rapport fournit une estimation de la valeur de `pi/4`.

Le nombre total de points à tirer sera fourni en donnée.

Exemple

```
combien de points ? 10000
estimation de pi avec 10000 points : 3.164800e+000
```

Solution

Analyse

Nous choisirons un carré de côté unité. Nous conviendrons de prendre son angle inférieur gauche comme origine d'un repère cartésien.

Nous tirerons alors au hasard le nombre de points voulus, à l'intérieur de ce carré. Plus précisément, pour chaque point, nous déterminerons au hasard ses deux coordonnées, en tirant deux nombres réels appartenant à l'intervalle $[0-1]$. À cet effet, nous ferons appel à la méthode exposée dans l'analyse de l'exercice 68.

Pour chaque point, nous calculerons sa distance au centre du carré (de coordonnées : 0.5, 0.5) et nous considérerons qu'il appartient au cercle inscrit si cette distance est inférieure à 0.5 (notez que, par souci de simplicité, nous travaillerons en fait avec le carré de cette distance).

Programme

```c
#include <stdio.h>
#include <stdlib.h>

main()
{
   float caleat(void) ;    /* prototype fonction de tirage valeur aléatoire */
   float x, y,             /* coordonnées d'un point courant */
        d2,                /* distance (au carré) d'un point courant au centre */
         pi ;              /* valeur approchée de pi */
   int np,                 /* nombre de points à tirer */
       nc,                 /* nombre de points à l'intérieur du cercle */
       i ;

   printf ("combien de points ? ") ;
   scanf ("%d", &np) ;
```

© Éditions Eyrolles

```
                for (nc=0, i=1 ; i<=np ; i++)
                   { x = caleat() ;
                     y = caleat() ;
                     d2 = (x-0.5) * (x-0.5) + (y-0.5) * (y-0.5) ;
                     if (d2 <= 0.25) nc++ ;
                   }

                pi = (4.0 * nc) / np ;
                printf ("estimation de pi avec %d points : %e", np, pi) ;
           }

           float caleat (void)          /* fonction fournissant une valeur aléatoire */
                                        /* appartenant à l'intervalle [0-1] */
           {
              return ( (float) rand() / (RAND_MAX + 1.0) ) ;
           }
```

Discussion

Notre fonction de tirage aléatoire d'un entier fournit toujours la même suite de valeurs. Ce qui signifie que, pour un nombre donné de points, nous obtiendrons toujours la même estimation de pi. Vous pouvez éviter ce phénomène en utilisant la fonction réalisée dans l'exercice 69.

Exercice 72 – Jeu du devin

Énoncé

Écrire un programme qui choisit un nombre entier au hasard entre 0 et 1000 et qui demande à l'utilisateur de le « deviner ». À chaque proposition faite par le joueur, le programme répondra en situant le nombre proposé par rapport à celui à deviner (plus grand, plus petit ou gagné).

Lorsque le joueur aura deviné le nombre choisi, ou lorsqu'un nombre maximal de coups (10) aura été dépassé, le programme affichera la récapitulation des différentes propositions.

Exemple

```
Devinez le nombre que j'ai choisi (entre 1 et 1000)

votre proposition : 500
---------- trop grand
votre proposition : 250
---------- trop grand
votre proposition : 125
---------- trop grand
votre proposition : 64
---------- trop grand
votre proposition : 32
---------- trop grand
```

```
votre proposition : 16
---------- trop grand
votre proposition : 8
---------- trop petit
votre proposition : 12
---------- trop grand
votre proposition : 10

++++ vous avez gagné en 9 coups

 ---- Récapitulation des coups joués ----

 500 trop grand
 250 trop grand
 125 trop grand
  64 trop grand
  32 trop grand
  16 trop grand
   8 trop petit
  12 trop grand
  10 exact
```

Analyse

Le programme commencera par tirer un nombre entier au hasard, suivant la démarche exposée dans l'analyse de l'exercice 68.

Il devra ensuite répéter l'action :

faire jouer le joueur

jusqu'à ce que le joueur ait gagné ou qu'il ait dépassé le nombre maximal de coups permis.

L'action en question consiste simplement à :

- Demander au joueur de proposer un nombre.
- Conserver ce nombre dans un tableau (pour pouvoir établir la récapitulation finale). Notez que, compte tenu de ce qu'un nombre de coups maximal est imposé, ce dernier fournira le nombre maximal d'éléments de notre tableau.
- Comparer le nombre fourni avec la valeur choisie par le programme et afficher le message correspondant.

Programme

```c
#include <stdio.h>
#include <stdlib.h>

#define NCOUPS 15        /* nombre maximal de coups autorisés */
#define NMAX 1000        /* valeur maximale du nombre à deviner */
```

© Éditions Eyrolles

```
main()
{
    int aleat(int) ;        /* prototype fonction de tirage d'un nombre au hasard */
    int nc,                 /* compteur du nombre de coups joués */
        ndevin,             /* nombre à deviner */
        n,                  /* nombre courant proposé par le joueur */
        prop[NMAX],         /* tableau récapitulatif des nombres proposés */
        i ;

                /* initialisations et tirage du nombre secret */
    nc = 0 ;
    printf ("Devinez le nombre que j'ai choisi (entre 1 et %d)\n", NMAX) ;
    ndevin = aleat(NMAX) ;

                /* déroulement du jeu */
    do
        { printf ("votre proposition : ") ;
          scanf ("%d",&n) ;
          prop [nc++] = n ;
          if (n < ndevin)     printf ("----------- trop petit\n") ;
          else if (n > ndevin) printf ("----------- trop grand\n") ;
        }
    while (n != ndevin && nc < NCOUPS) ;

                /* affichage résultats */
    if (n == ndevin) printf ("\n\n++++ vous avez gagné en %d coups\n", nc) ;
            else { printf ("\n\n---- vous n'avez pas trouvé\n") ;
                    printf ("le nombre choisi était %d\n", ndevin) ;
                 }

                /* affichage récapitulation */
    printf ("\n ---- Récapitulation des coups joués ----\n\n") ;
    for (i=0 ; i<nc ; i++)
        { printf ("%4d ", prop[i]) ;
          if (prop[i] > ndevin)
                printf ("trop grand \n") ;
          else if (prop[i] < ndevin)
                printf ("trop petit\n") ;
          else   printf ("exact\n") ;
        }
}


        /*****************************************************/
        /* fonction de tirage aléatoire d'un nombre dans [0,n] */
        /*****************************************************/
int aleat(int n)
{
    int i = rand() / (RAND_MAX + 1.) * (n+1)  ;
    return i ;
}
```

Discussion

Notre fonction de tirage aléatoire d'un nombre entier fournit toujours la même valeur, ce qui gâche quelque peu l'intérêt du jeu. Dans la pratique, il serait nécessaire de remplacer la fonction `aleat` de ce programme par celle proposée dans l'exercice 69, laquelle permet d'obtenir un nombre différent d'une exécution à une autre.

Exercice 73 – Mastermind

Énoncé

Réaliser un programme qui choisit au hasard une combinaison de 5 chiffres (compris entre 1 et 8) et qui demande à l'utilisateur de la deviner. À chaque proposition, le programme précisera :

- le nombre de chiffres **exacts** proposés à la **bonne place** ;
- le nombre de chiffres **exacts** mais proposés à la **mauvaise place**.

Les différentes propositions du joueur seront fournies sous la forme de 5 chiffres consécutifs (sans aucun séparateur), validés par *return*.

Le programme devra traiter convenablement le cas des réponses incorrectes : lettre à la place d'un chiffre, réponse trop courte ou trop longue, chiffre incorrect (nul ou supérieur à 8).

On prévoira un nombre limite d'essais, au-delà duquel le programme s'interrompra en indiquant quelle était la combinaison à deviner.

```
proposition ? : 12345
                2 P 0 C
proposition ? : 23456
                0 P 1 C
proposition ? : 34567
                0 P 1 C
proposition ? : 45678
                0 P 0 C
proposition ? : 56789
** incorrect **
proposition ? : 1133é
** incorrect **
proposition ? : 11332
                3 P 1 C
proposition ? : 11333
                4 P 0 C
proposition ? : 11313
                5 P 0 C
vous avez trouvé en 7 coups
```

© Éditions Eyrolles

Solution   *Analyse*

Il paraît assez naturel d'utiliser un tableau à 5 éléments pour y ranger la combinaison tirée au hasard. Notez que nous pourrions également tirer au hasard un nombre de 5 chiffres, mais il faudrait, de toute façon, en extraire chacun des chiffres ; de plus, la méthode serait difficilement généralisable à un nombre quelconque de positions.

La principale difficulté réside dans l'analyse de la proposition du joueur. Dans la comparaison des deux tableaux (combinaison tirée par le programme et combinaison proposée par le joueur), il faudra tenir compte des remarques suivantes :

- Un chiffre compté « à sa place » ne doit pas pouvoir être également compté comme « exact, mais mal placé ».

- Lorsqu'un tirage comporte plusieurs chiffres identiques, il ne faut pas qu'un même chiffre de la proposition du joueur puisse être compté plusieurs fois comme exact.

- Lorsqu'une proposition comporte plusieurs chiffres identiques, il ne faut pas les considérer tous comme correspondant à un même chiffre du tirage.

Nous vous proposons la méthode suivante :

1. Nous recherchons tout d'abord les chiffres exacts placés en bonne position. À chaque fois qu'une coïncidence est relevée, nous *supprimons* le chiffre, à la fois dans la proposition du joueur et dans le tirage (en le remplaçant, par exemple, par la valeur 0).

2. Nous reprenons ensuite, un à un, chacun des chiffres du tirage qui n'ont pas été supprimés (c'est-à-dire qui sont différents de 0). Nous les comparons à chacun des chiffres de la proposition. Là encore, si une coïncidence est relevée, nous supprimons les chiffres correspondants, à la fois dans la proposition et dans le tirage. Notez bien qu'il faut absolument éviter de considérer les chiffres déjà supprimés du tirage : ils risqueraient d'être trouvés égaux à d'autres chiffres supprimés de la proposition.

Cette méthode qui détruit le tirage nous oblige nécessairement à en faire une copie avant d'entamer l'analyse de la proposition.

Nous avons choisi de réaliser trois fonctions :

- `tirage` : tirage au hasard de la combinaison (tableau de 5 entiers) à deviner.

- `entree` : entrée de la proposition du joueur. Il paraît logique que cette fonction fournisse cette proposition dans un tableau d'entiers. Toutefois, afin de traiter convenablement les cas de réponses incorrectes, la proposition du joueur sera tout d'abord lue dans une chaîne à l'aide de la fonction `cgets` (son mécanisme est décrit dans l'exercice 67).

- `analyse` : analyse de la proposition du joueur, suivant l'algorithme décrit précédemment.

Programme

```
#include <stdio.h>
#include <stdlib.h>
#include <string.h>
```

```
#define NPOS 5          /* nombre de positions */
#define NCHIF 8         /* nombre de chiffres (ici, de 1 a 8) */
#define NCMAX 12        /* nombre maximal de coups */
main()
{
   void tirage (int []) ;                        /****************************/
   int entree (int []) ;                         /*      prototypes fonctions  */
   void analyse(int [], int[], int[], int []) ;  /****************************/

   int tir[NPOS],          /* combinaison tirée par le programme */
       prop[NPOS],         /* proposition du joueur */
       ncoup,              /* compteur de coups joués */
       bpos,               /* nombre de chiffres bien placés */
       bchif ;             /* nombre de chiffres exacts mais mal placés */

             /* initialisations */
   tirage (tir) ;
   ncoup = 0 ;
             /* déroulement du jeu */
   do
      { while (printf ("proposition ? : "), entree(&prop) )
              printf ("\n** incorrect **\n") ;
        analyse (prop, tir, &bpos, &bchif) ;
        printf ("\n %22d P %d C\n", bpos, bchif) ;
        ncoup++ ;
      }
   while (bpos < NPOS && ncoup < NCMAX) ;

             /* affichage résultats */
   if (bpos == NPOS) printf ("vous avez trouvé en %d coups", ncoup) ;
       else { int i ;
              printf ("vous n'avez pas trouvé en %d coups\n", NCMAX) ;
              printf ("la bonne combinaison était : ") ;
              for (i=0 ; i<NPOS ; i++) printf ("%d",tir[i]) ;
              printf ("\n") ;
            }
}


        /************************************************/
        /*  fonction de tirage de la combinaison secrète */
        /************************************************/
void tirage (int tir [])
{
   int i ;
   for (i=0 ; i<NPOS ; i++)
      tir[i] = rand() / (RAND_MAX + 1.) * NCHIF + 1 ;
}
```

© Éditions Eyrolles

```
        /***********************************************/
        /*  fonction de lecture de la proposition du joueur */
        /***********************************************/
int entree (int prop [])
{
   char ch[NPOS+3] ;        /* chaîne où sera lue la proposition du joueur */
   int i ;
            /* lecture proposition joueur dans chaîne ch */
   ch[0] = NPOS+1 ;        /* préparation longueur maxi chaîne lue */
   cgets (ch) ;
            /* contrôles */
   if (strlen (&ch[2]) != NPOS) return(-1) ;
   for (i=2 ; i<NPOS+2 ; i++)
      if (ch[i] < '1' || ch[i] > '1'+NCHIF-1) return(-1) ;

            /* extraction des chiffres choisis */
   for (i=0 ; i<NPOS ; i++)
      prop[i] = ch[2+i] -'0' ;
   return (0) ;
}


        /***********************************************/
        /* fonction d'analyse de la proposition du joueur */
        /***********************************************/
void analyse (int prop [], int tir [], int bpos [] , int bchif [])
{
   int tirbis[NPOS],            /* double de la combinaison secrète */
       i, j ;
            /* recopie de la combinaison secrète */
   for (i=0 ; i<NPOS ; i++) tirbis[i] = tir[i] ;

            /* comptage bonnes  positions */
   *bpos = 0 ;
   for (i=0 ; i<NPOS ; i++)
      if (prop[i] == tirbis[i])
         { (*bpos)++ ;
           tirbis[i] = prop[i] = 0 ;
         }
            /* comptage bons chiffres mal placés */
   *bchif = 0 ;
   for (i=0 ; i<NPOS ; i++)
      for (j=0 ; j<NPOS ; j++)
         if (prop[i] !=0 && prop[i] == tirbis[j])
            { (*bchif)++ ;
              prop[i] = tirbis[j] = 0 ;
            }
}
```

Commentaires

1. Le nombre de positions (NPOS) et le nombre de chiffres (NCHIF) ont été définis par #define, ce qui en facilite l'éventuelle modification.

2. La fonction tirage fait appel à l'algorithme de tirage au hasard d'un entier, tel que nous l'avons exposé dans l'exercice 68. Toutefois, ici, le nombre tiré doit appartenir à l'intervalle [1,NCHIF] et non à l'intervalle [0,NCHIF]. C'est ce qui explique que le nombre réel tiré dans l'intervalle [0,1[soit multiplié par NCHIF et que l'on ajoute 1 au résultat.

3. La fonction entree lit, comme prévu, la proposition du joueur sous forme d'une chaîne. Elle en effectue les contrôles requis en restituant la valeur 0 lorsque la réponse est valide et la réponse -1 dans le cas contraire. Notez que la décision de demander, en cas d'erreur, une nouvelle proposition au joueur est prise dans le programme principal et non dans la fonction elle-même.

4. Les arguments de la fonction analyse sont transmis par leur adresse, afin que leur valeur puisse être modifiée. C'est ce qui justifie leur déclaration sous forme de pointeurs sur des entiers. N'oubliez pas que les noms de tableaux correspondent à leur adresse ; c'est ce qui justifie que dans l'appel de analyse, on trouve effectivement les symboles prop et tir, alors que, par ailleurs, on y trouve &bpos et &bchif.

5. Dans la boucle suivante (du programme principal) :

```
while (printf ("proposition ? : "), entree(&prop) )
        printf ("\n** incorrect **\n") ;
```

l'expression figurant dans while utilise un « opérateur séquentiel », ce qui permet ainsi de simplifier quelque peu l'écriture. À titre indicatif, voici deux constructions équivalentes, l'une parfaitement structurée, l'autre basée sur l'utilisation de break (les valeurs des symboles VRAI et FAUX étant respectivement 1 et 0) :

```
ok = FAUX ;
while (!ok)
    { printf ("proposition ? : ") ;
      if (entree(&prop)) ok = VRAI ;
          else printf ("\n** incorrect **\n") ;
    }

do
    { printf ("proposition ? : ") ;
      if (entree(&prop)) break ;
          else printf ("\n** incorrect **\n) ;
while(1) ;
```

© *Éditions Eyrolles*

Discussion

1. Ici, la saisie de la proposition du joueur est parfaitement satisfaisante, même pour un programme « réel ». En particulier, elle autorise les corrections, même après que l'utilisateur a frappé le dernier chiffre.

2. Par contre, tel qu'il est proposé ici, ce programme choisit toujours la même combinaison, ce qui enlève quelque intérêt à la pratique régulière du jeu (mais qui peut faciliter la mise au point du programme). Pour rémédier à cette lacune, il suffit d'introduire, dans la fonction `tirage`, une initialisation du générateur de nombres aléatoires, lors de son premier appel, comme nous l'avons fait dans l'exercice 69.

3. Le programme supporte, sans aucune modification, des valeurs quelconques de `NPOS` et des valeurs de `NCHIF` inférieures à `10`. Il est facile d'aller au-delà, en modifiant simplement la fonction `entree`.

Chapitre 11

Tris, fusions et recherche en table

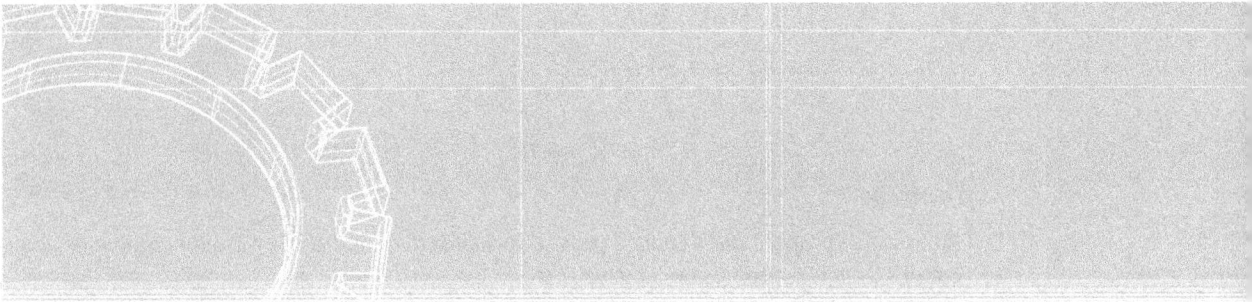

Nous vous proposons ici des exercices de programmation d'algorithmes classiques ayant trait aux tris et fusions de tableaux, ainsi qu'à la recherche en table.

Exercice 74 – Tri par extraction simple

Énoncé

Réaliser un programme de tri par valeurs décroissantes d'un tableau d'entiers, en utilisant l'algorithme dit « par extraction simple » qui se définit de la manière suivante :

• On recherche le plus grand des n éléments du tableau.

• On échange cet élément avec le premier élément du tableau.

• Le plus petit élément se trouve alors en première position. On peut alors appliquer les deux opérations précédentes aux $n-1$ éléments restants, puis aux $n-2$, ... et cela jusqu'à ce qu'il ne reste plus qu'un seul élément (le dernier - qui est alors le plus petit).

Le programme affichera tous les « résultats intermédiaires », c'est-à-dire les valeurs du tableau, après chaque échange de deux éléments.

```
combien de valeurs à trier : 8
donnez vos valeurs à trier
3 9 2 7 11 6 2 8

     ---- valeurs à trier ----
     3     9     2     7    11     6     2     8

    11     9     2     7     3     6     2     8
    11     9     2     7     3     6     2     8
    11     9     8     7     3     6     2     2
    11     9     8     7     3     6     2     2
    11     9     8     7     6     3     2     2
    11     9     8     7     6     3     2     2
    11     9     8     7     6     3     2     2

     ---- valeurs triées ----
    11     9     8     7     6     3     2     2
```

Analyse

L'algorithme proposé par l'énoncé peut se formaliser comme suit, en tenant compte des conventions d'indices propres au langage C :

Répéter, pour i variant de 0 à $n-2$:

- rechercher k_m tel que (k_m) soit le plus grand des $t(k)$, pour k allant de i à $n-1$;
- échanger les valeurs de $t(k_m)$ et de $t(i)$.

Programme

```
#include <stdio.h>
#define NMAX 100              /* nombre maximal de valeurs à trier */

main()
{
   int t [NMAX],              /* tableau contenant les valeurs à trier */
       nval,                  /* nombre de valeurs à trier */
       kmax,                  /* position du maximum temporaire */
       tempo,                 /* valeur temporaire pour échange valeurs */
       i, j, k ;

           /* lecture des valeurs à trier */
   printf ("combien de valeurs à trier : ") ;
   scanf ("%d", &nval) ;
```

© Éditions Eyrolles

```
        if (nval > NMAX) nval = NMAX ;
        printf ("donnez vos valeurs à trier\n") ;
        for (k=0 ; k<nval ; k++)
           scanf ("%d", &t[k]) ;
        printf ("\n   ---- valeurs à trier ----\n") ;
        for (k=0 ; k<nval ; k++)
           printf ("%5d", t[k]) ;
        printf ("\n\n") ;

             /* tri des valeurs */
        for (i=0 ; i<nval-1 ; i++)     /* recherche maxi partiel pour chaque i */
           { kmax = i ;                          /* init recherche maxi partiel */
             for (j=i+1 ; j<nval ; j++)                /* recherche maxi partiel */
               if (t[j] > t[kmax]) kmax = j ;
             tempo = t[kmax] ;                    /* mise en place maxi partiel */
             t[kmax] = t[i] ;
             t[i] = tempo ;
             for (k=0 ; k<nval ; k++)                 /* affichage intermédiaire */
                printf ("%5d", t[k]) ;
             printf ("\n") ;
           }

             /* affichage valeurs triées */
        printf ("\n   ---- valeurs triées ----\n") ;
        for (k=0 ; k<nval ; k++)
           printf ("%5d", t[k]) ;
        printf ("\n") ;
     }
```

Commentaires

Ce programme fonctionne pour toutes les valeurs de NMAX, en particulier :

- pour NMAX inférieur ou égal à 0, il ne fait rien ;
- pour NMAX = 1, il lit une valeur qu'il affiche telle quelle.

Exercice 75 – Tri par permutation simple

Énoncé

Écrire une fonction réalisant le tri par valeurs croissantes d'un tableau d'entiers, en utilisant l'algorithme de tri par permutation simple (dit de « la bulle »), qui se définit ainsi (n représentant le nombre d'éléments du tableau) :

On parcourt l'ensemble du tableau, depuis sa fin jusqu'à son début, en comparant deux éléments consécutifs, en les inversant s'ils sont mal classés. On se retrouve ainsi avec le plus petit élément placé en tête du tableau.

On renouvelle une telle opération (dite « passe ») avec les n-1 éléments restants, puis avec les n-2 éléments restants, et ainsi de suite... jusqu'à ce que :

- soit l'avant-dernier élément ait été classé (le dernier étant alors obligatoirement à sa place) ;
- soit qu'aucune permutation n'ait eu lieu pendant la dernière passe (ce qui prouve alors que l'ensemble du tableau est convenablement ordonné).

On prévoira en arguments :

- l'adresse du tableau à trier ;
- son nombre d'éléments ;
- un indicateur précisant si l'on souhaite que la fonction affiche les valeurs du tableau après chaque permutation (0 pour non, 1 pour oui).

Exemple

```
combien de valeurs à trier : 6
donnez vos valeurs à trier
2 8 4 7 0 8

   ---- valeurs à trier ----
   2    8    4    7    0    8

   2    8    4    0    7    8
   2    8    0    4    7    8
   2    0    8    4    7    8
   0    2    8    4    7    8
   0    2    4    8    7    8
   0    2    4    7    8    8

   ---- valeurs triées ----
   0    2    4    7    8    8
```

Solution

Analyse

L'algorithme nous est indiqué par l'énoncé. Nous utiliserons cependant une répétition de type tant que (instruction while) qui permet de prendre convenablement en compte le cas où l'on appelle la fonction de tri en lui fournissant en argument un nombre de valeurs inférieur ou égal à 1.

Dans la mise en œuvre de cet algorithme, nous ferons appel à un entier i spécifiant le rang à partir duquel le tableau n'est pas encore trié. Initialement, il faudra prévoir qu'aucun élément n'est encore à sa place, ce qui conduira à l'initialisation artificielle de i à -1 (puisqu'en C, le premier élément d'un tableau porte le numéro 0). D'autre part, un indicateur logique nommé permut nous servira à préciser si au moins une permutation a eu lieu au cours de la dernière passe.

Si nous notons nval le nombre de valeurs de notre tableau, l'algorithme de tri peut alors s'énoncer comme suit :

Tant que i ne désigne pas le dernier élément du tableau (c'est-à-dire i < nval-1) et que permut est VRAI, nous effectuons une passe. Cette dernière consiste en une succession de comparaisons des éléments de rang j et j+1, j décrivant tous les éléments depuis l'avant-

© Éditions Eyrolles

dernier jusqu'à celui de rang i+1 (autrement dit, j décroissant de nval-2 à i+1). À chaque permutation, nous donnons à permut la valeur VRAI ; nous aurons, bien sûr, pris soin d'initialiser permut à FAUX au début de chaque passe.

Notez que l'utilisation d'une répétition de type tant que (dans laquelle la condition de poursuite fait intervenir l'indicateur permut) nous oblige à initialiser artificiellement permut à VRAI, en tout début de travail.

Programme

```
#include <stdio.h>
#define VRAI 1                  /* pour "simuler" des ... */
#define FAUX 0                  /* ... valeurs logiques */
#define NMAX 100                /* nombre maximal de valeurs à trier */
main()
{
    void bulle(int [], int, int ) ;  /* prototype fonction de tri */
    int t [NMAX],                    /* tableau contenant les valeurs à trier */
        nval,                        /* nombre de valeurs à trier */
        k ;

            /* lecture des valeurs à trier */
    printf ("combien de valeurs à trier : ") ;
    scanf ("%d", &nval) ;
    if (nval > NMAX) nval = NMAX ;
    printf ("donnez vos valeurs à trier\n") ;
    for (k=0 ; k<nval ; k++)
        scanf ("%d", &t[k]) ;
    printf ("\n   ---- valeurs à trier ----\n") ;
    for (k=0 ; k<nval ; k++)
        printf ("%5d", t[k]) ;
    printf ("\n\n") ;

            /* tri des valeurs */
    bulle (t, nval, 1) ;

            /* affichage valeurs triées */
    printf ("\n   ---- valeurs triées ----\n") ;
    for (k=0 ; k<nval ; k++)
        printf ("%5d", t[k]) ;
    printf ("\n") ;
}
```

```
              /**************************************************/
              /*   fonction de tri par la méthode de la bulle   */
              /**************************************************/
    void bulle (int t[], int nval, int affich)
                /* t : tableau à trier                       */
                /* nval : nombre de valeurs à trier          */
                /* affich : indicateur affichages intermédiaires */
    {
        int i,          /* rang à partir duquel le tableau n'est pas trié */
            j,          /* indice courant */
            tempo,      /* pour l'échange de 2 valeurs */
            k ;
        int permut ;    /* indicateur logique précisant si au moins une */
                        /* permutation a eu lieu lors de la précédente passe */
        i = -1 ;
        permut = VRAI ;
        while (i < nval-1 && permut)
           { permut = FAUX ;
             for (j=nval-2 ; j>i ; j--)
                { if ( t[j] > t[j+1] )
                   { permut = VRAI ;
                     tempo = t[j] ;
                     t[j] = t[j+1] ;
                     t[j+1] = tempo ;
                     if (affich)
                        { for (k=0 ; k<nval ; k++)
                             printf ("%5d", t[k]) ;
                          printf ("\n") ;
                        }
                   }
                }
             i++ ;
           }
    }
```

Commentaires

Dans la fonction bulle, la déclaration :

```
    int * t ;
```

est équivalente à :

```
    int t[] ;
```

Discussion

Les deux algorithmes proposés dans l'exercice précédent et dans celui-ci correspondent à ce que l'on appelle des « méthodes directes ». D'une manière générale, ce sont des algorithmes

© Éditions Eyrolles

simples à programmer, mais qui nécessitent un nombre de comparaisons de l'ordre de n^2 (notez qu'il existe une troisième méthode directe dite « tri par insertion »).

En fait, il existe des méthodes dites « évoluées » qui conduisent à un nombre de comparaisons de l'ordre de n * log n. Celles-ci débouchent sur des programmes plus complexes et les opérations qu'elles font intervenir sont elles-mêmes plus gourmandes en temps que celles des méthodes directes. Aussi, les méthodes évoluées ne prennent véritablement d'intérêt que pour des valeurs élevées de n.

À titre indicatif, nous vous fournissons ici l'algorithme relatif à la méthode évoluée la plus performante, nommée « Tri rapide » (Quicksort), inventée par C. A. R. Hoare. Cet algorithme, délicat à programmer, est basé sur l'opération de « segmentation » d'un tableau ; celle-ci consiste à partager un tableau en deux parties, nommées segments, telles que tout élément de l'une soit inférieur ou égal à tout élément de l'autre. Une telle segmentation peut être réalisée par l'algorithme suivant :

- Prendre un élément au hasard (on peut prendre l'élément du milieu). Soit m sa valeur.
- Rechercher, depuis le début du tableau, le premier élément $t(i)$ tel que $t(i)>m$.
- Rechercher, depuis la fin du tableau, le premier élément $t(j)$ tel que $t(j)<m$.
- Permuter $t(i)$ et $t(j)$.
- Poursuivre ce « parcours » du tableau jusqu'à ce que i et j se rencontrent.

Le tri proprement dit s'effectue en appliquant à nouveau l'opération de segmentation à chaque segment obtenu, puis aux segments obtenus par segmentation de ces segments... et ainsi de suite jusqu'à ce que chaque segment ne contienne plus qu'un seul élément.

Notez qu'une telle méthode se prête particulièrement bien à une programmation récursive.

Exercice 76 – Tri d'un tableau de chaînes

Énoncé

Écrire une fonction utilisant la méthode de tri par extraction simple (décrite dans l'exercice 74) pour trier un tableau de chaînes, par ordre alphabétique (sans distinction entre majuscules et minuscules).

Cette fonction recevra, en argument :
- l'adresse d'un tableau de pointeurs sur les chaînes concernées ;
- le nombre de chaînes à trier.

Le tri proprement dit portera, non sur les valeurs des chaînes elles-mêmes, mais uniquement sur le tableau de pointeurs.

On testera cette fonction à l'aide d'un programme principal créant un simple tableau de chaînes (ayant donc chacune une longueur maximale donnée).

Exemple

```
combien de chaînes à trier ? 7
donnez vos 7 chaînes (validez chacune par 'return')
C
Turbo C
Basic
Pascal
Turbo Pascal
Fortran
ADA

voici vos chaînes triées
ADA
Basic
C
Fortran
Pascal
Turbo C
Turbo Pascal
```

Solution

Analyse

La méthode de tri a été décrite dans l'exercice 74. Il est cependant nécessaire de procéder à plusieurs sortes d'adaptations :

- il faut en faire une fonction ;

- la relation d'ordre qui sert au tri ne porte plus sur des entiers, mais sur des chaînes de caractères ; cela implique de recourir à la fonction stricmp (et non strcmp, puisque l'on souhaite ne pas distinguer les majuscules des minuscules) ;

- les éléments à permuter seront des pointeurs et non plus des entiers.

Programme

```
.#include <stdio.h>
#include <string.h>

#define NCHMAX 100          /* nombre maximal de chaînes à traiter */
#define LGMAX 25            /* longueur maximale d'une chaîne (sans \0) */
main()
{
   void trichaines (char * *, int ) ;  /* prototype fonction de tri */
   char chaines [NCHMAX] [LGMAX+1] ;   /* tableau des chaînes */
   char * adr [NCHMAX] ;               /* tableau pointeurs sur les chaînes */
   int nch,                            /* nombre de chaîne à trier */
       i ;
```

```
                      /* lecture des chaînes et préparation du tableau de pointeurs */
         printf ("combien de chaînes à trier ? ") ;
         scanf ("%d", &nch) ;
         if (nch > NCHMAX) nch = NCHMAX ;
         getchar() ;                  /* pour forcer la lecture de fin de ligne */

         printf ("donnez vos %d chaînes (validez chacune par 'return')\n", nch) ;
         for (i=0 ; i<nch ; i++)
           { fgets (chaines[i], LGMAX+1, stdin) ; /* lit au maximum LGMAX caractères */
             adr[i] = chaines[i] ;
           }

                      /* tri des pointeurs sur les chaînes */
         trichaines (adr, nch) ;

                      /* affichage des chaînes après tri */
                      /* attention aux chaînes de longueur maximum !! */
         printf ("\n\nvoici vos chaînes triées\n") ;
         for (i=0 ; i<nch ; i++)
           printf ("%s", adr[i]) ;
      }

void trichaines (char * * adr, int nch)
              /* adr : adresse tableau de pointeurs sur chaînes à trier */
              /* nch : nombre de chaînes                                */
   {
      char * tempo ;    /* pointeur temporaire pour l'échange de 2 pointeurs */
      int kmax,
          i, j ;

      for (i=0 ; i<nch-1 ; i++)
         { kmax = i ;
           for (j=i+1 ; j<nch ; j++)
              if ( stricmp (adr[kmax], adr[j]) > 0 ) kmax = j ;
           tempo = adr[kmax] ;
           adr[kmax] = adr[i] ;
           adr[i] = tempo ;
         }
   }
```

Commentaires

1. Ici, les chaînes à trier ont été placées (par le programme principal) dans un tableau de caractères (nommé `chaines`) à deux dimensions. Notez bien qu'il ne serait pas possible d'en inverser l'ordre des dimensions ; il est en effet nécessaire que tous les caractères d'une même chaîne soient consécutifs.

2. Bien que cela n'ait pas été explicitement demandé par l'énoncé, nous avons prévu un contrôle sur la longueur des chaînes fournies au clavier ; pour ce faire, nous avons fait appel à la fonction `fgets`, en l'appliquant au fichier `stdin`. L'instruction :

```
fgets (chaines[i], LGMAX+1, stdin) ;
```

lit au maximum `LGMAX` caractères sur `stdin` et les range à l'adresse `chaine[i]`, en complétant le tout par un zéro de fin de chaîne. Ainsi, on évite les risques de débordement mémoire que présente `gets`.

Toutefois un léger inconvénient apparaît. En effet, tant que le nombre de caractères maximal (`LGMAX`) n'est pas atteint, le caractère `\n` qui a servi à délimiter la chaîne lue est rangé en mémoire, au même titre que les autres. En revanche, lorsque le nombre maximal de caractères a été atteint, alors précisément que ce caractère `\n` n'a pas été rencontré, on ne trouve plus ce caractère en mémoire (le caractère nul de fin de chaîne, quant à lui, est bien toujours présent).

Cet inconvénient est surtout sensible lorsque l'on affiche à nouveau les chaînes par `printf` après leur tri : les chaînes de longueur maximale ne seront pas suivies d'un changement de ligne. Notez bien qu'en employant `puts` on obtiendrait, en revanche, 1 caractère de changement de ligne pour les chaînes de longueur maximale (transmis par la fonction `puts` même) et **2 caractères** de changement de ligne pour les autres chaînes (celui figurant dans la chaîne et celui transmis par `puts`).

Dans un « programme opérationnel », il faudrait gérer convenablement cette situation, ce que nous n'avons pas fait ici.

3. Rappelons que, après la lecture par `scanf` du nombre de chaînes à traiter, le pointeur reste (comme à l'accoutumée) positionné sur le dernier caractère non encore utilisé ; dans le meilleur des cas, il s'agit de `\n` (mais il peut y avoir d'autres caractères avant si l'utilisateur a été distrait). Dans ces conditions, la lecture ultérieure d'une chaîne par `gets` conduira à lire... une chaîne vide.

Pour éviter ce problème, nous avons placé une instruction `getchar` qui absorbe ce caractère `\n`. En toute rigueur, si l'on souhaitait traiter correctement le cas où l'utilisateur a fourni trop d'information pour le `scanf` précédent, il serait nécessaire d'opérer une lecture d'une chaîne par `gets` (il faudrait prévoir un emplacement à cet effet !).

4. Dans la fonction `trichaines`, le premier argument `adr` a été déclaré par :

```
char * * adr
```

Il s'agit d'un *pointeur sur le tableau de pointeurs* sur les différentes chaînes. Nous aurions pu également le déclarer par :

```
char * adr[]
```

Notez d'ailleurs que nous avons utilisé le « formalisme » tableau au sein de la fonction elle-même. Ainsi :

```
adr[i] = adr[j]
```

aurait pu se formuler :

```
* (adr+i) = * (adr+j)
```

5. Nous vous rappelons que la fonction `stricmp` compare les deux chaînes dont on lui fournit les adresses et elle fournit une valeur entière définie comme étant :

– positive si la première chaîne arrive après la seconde, au sens de l'ordre défini par le code des caractères (sans tenir compte de la différence entre majuscules et minuscules pour les 26 lettres de l'alphabet) ;

– nulle si les deux chaînes sont égales ;

– négative si la première chaîne arrive avant la seconde.

Discussion

D'une manière générale, il n'est pas nécessaire que les chaînes à trier soient, comme ici, implantées en mémoire de manière consécutive.

De même, la fonction `trichaines` proposée pourrait tout aussi bien opérer sur des chaînes dont les emplacements auraient été alloués « dynamiquement » (le chapitre 12 vous propose d'ailleurs un exercice dans ce sens).

Exercice 77 – Fusion de deux tableaux ordonnés

La fusion consiste à rassembler en un seul tableau ordonné les éléments de deux tableaux, eux-mêmes ordonnés.

Énoncé

Réaliser une fonction qui fusionne deux tableaux d'entiers ordonnés par valeurs croissantes.

On prévoira en arguments :

• les adresses des trois tableaux concernés ;

• le nombre de valeurs de chacun des deux tableaux à fusionner.

Pour tester cette fonction, on écrira un programme principal qui lit au clavier deux ensembles de valeurs que l'on triera au préalable à l'aide de la fonction `bulle` réalisée dans l'exercice 75.

```
combien de valeurs pour le premier tableau ? 5
donnez vos valeurs
3 9 2 8 11
combien de valeurs pour le second tableau ?  7
donnez vos valeurs
12 4 6 3 1 9 6

premier tableau à fusionner
    2    3    8    9   11
second tableau à fusionner
    1    3    4    6    6    9   12

  résultat de la fusion des deux tableaux
    1    2    3    3    4    6    6    8    9    9   11   12
```

Solution

Analyse

La démarche, assez simple, s'inspire de celle que l'on adopterait pour résoudre « à la main » un tel problème. Il suffit, en effet, d'avancer en parallèle dans chacun des deux tableaux à fusionner (t1 et t2), en prélevant, à chaque fois, le plus petit des deux éléments et en l'introduisant dans le tableau résultant t. Plus précisément, nous sommes amenés à utiliser trois indices :

- i1 : premier élément de t1 non encore pris en compte ;
- i2 : premier élément de t2, non encore pris en compte ;
- i : emplacement du prochain élément à introduire dans t.

Nous initialisons ces trois indices à zéro (compte tenu des conventions du C). Nous répétons alors le traitement suivant : choisir le plus petit des éléments t1(i1) et t2(i2) et le placer en t(i). Incrémenter de 1 la valeur de l'indice correspondant à l'élément extrait (i1 ou i2), ainsi que celle de i.

Nous poursuivons ainsi jusqu'à ce que l'un des deux tableaux soit épuisé. Il ne reste plus alors qu'à recopier la fin de l'autre tableau.

Programme

```
#include <stdio.h>
#define NMAX1 100     /* nombre maximal de valeurs du premier tableau */
#define NMAX2 100     /* nombre maximal de valeurs du second tableau */

main()
{
    void fusion(int [], int [], int [], int, int ) ; /* proto fonction de fusion */
    void bulle(int [], int) ;/* proto fonction servant à assurer l'ordre des tableaux */

    int t1 [NMAX1],         /* premier tableau à fusionner */
        t2 [NMAX2],         /* second tableau à fusionner */
        t [NMAX1+NMAX2] ;   /* tableau résultant de la fusion */
    int nval1,              /* nombre de valeurs à prélever dans t1 */
        nval2,              /* nombre de valeurs à prélever dans t2 */
        k ;

        /* lecture des valeurs des deux ensembles à fusionner */
    printf ("combien de valeurs pour le premier tableau ? ") ;
    scanf ("%d", &nval1) ;
    if (nval1 > NMAX1) nval1 = NMAX1 ;
    printf ("donnez vos valeurs\n") ;
    for (k=0 ; k<nval1 ; k++)
        scanf ("%d", &t1[k]) ;

    printf ("combien de valeurs pour le second tableau ?  ") ;
    scanf ("%d", &nval2) ;
```

© Éditions Eyrolles

```
            if (nval2 > NMAX2) nval2 = NMAX2 ;
            printf ("donnez vos valeurs\n") ;
            for (k=0 ; k<nval2 ; k++)
               scanf ("%d", &t2[k]) ;

                  /* tri préalable et affichage des valeurs à fusionner */
            bulle (t1, nval1) ;
            bulle (t2, nval2) ;
            printf ("\npremier tableau à fusionner\n") ;
            for (k=0 ; k<nval1 ; k++)
               printf ("%5d", t1[k]) ;
            printf ("\nsecond tableau à fusionner\n") ;
            for (k=0 ; k<nval2 ; k++)
               printf ("%5d", t2[k]) ;

                  /* fusion  et affichage résultats */
            fusion (t, t1, t2, nval1, nval2) ;
            printf ("\n\n résultat de la fusion des deux tableaux\n") ;
            for (k=0 ; k<nval1+nval2 ; k++)
               printf ("%5d", t[k]) ;
         }


      /**********************************************************/
      /*         fonction de fusion de deux tableaux            */
      /**********************************************************/

   void fusion (int t[], int t1[], int t2[], int nval1, int nval2)
                  /* t1 et t2 : tableaux à fusionner                */
                  /* t :tableau résultant                           */
                  /* nval1 : nombre de valeurs du premier tableau t1 */
                  /* nval2 : nombre de valeurs du second tableau t2  */
   {
      int i1, i2,        /* indices courants dans les tableaux à fusionner */
          i,             /* indice courant dans le tableau résultant */
          k ;

      i = 0 ; i1 = 0 ; i2 = 0 ;
      while (i1 < nval1 && i2 < nval2)
         { if ( t1[i1] < t2[i2] )  t[i++] = t1[i1++] ;
                   else  t[i++] = t2[i2++] ;
         }
      if (i1 == nval1)
              for (k=i2 ; k<nval2 ; k++) t[i++] = t2[k] ;
         else  for (k=i1 ; k<nval1 ; k++) t[i++] = t1[k] ;
   }
```

```
/****************************************************/
/*  fonction de tri d'un tableau (méthode de la bulle) */
/****************************************************/

void bulle (int t[], int nval)
{
   int i, j, tempo, k, permut ;

   i = -1 ;  permut = 1 ;
   while (i < nval-1 && permut)
      { permut = 0 ;
        for (j=nval-2 ; j>i ; j--)
            if ( t[j] > t[j+1])
              { permut = 1 ;
                tempo = t[j] ; t[j] = t[j+1] ; t[j+1] = tempo ;
              }
         i++ ;
      }
}
```

Commentaires

Pour effectuer le tri préalable des deux tableaux fournis en donnée, nous avons repris la fonction `bulle` réalisée dans l'exercice 75. Nous en avons toutefois supprimé les instructions permettant d'afficher, sur demande, les impressions intermédiaires.

Exercice 78 – Recherche dichotomique

L'exercice 67 de facturation par code faisait intervenir un algorithme séquentiel de recherche en table. Nous vous proposons ici de réaliser un algorithme plus performant de recherche par « dichotomie ».

Énoncé

Écrire un programme qui recherche, à partir d'un code d'article (numérique), l'information qui lui est associée, à savoir un libellé (chaîne) et un prix unitaire (réel).

Comme dans l'exercice 67, le programme utilisera un tableau de structures, déclaré à un niveau global, pour conserver les informations requises. Cette fois, par contre, ces dernières seront rangées par ordre croissant du numéro de code.

La localisation d'un numéro de code donné se fera par une recherche dichotomique. Celle-ci consiste à profiter de l'ordre du tableau pour accélérer la recherche en procédant comme suit :

• On considère l'élément figurant au « milieu » du tableau. Si le code cherché lui est égal, la recherche est terminée. S'il lui est inférieur, on en conclut que le code recherché ne peut se trouver que dans la première moitié du tableau ; dans le cas contraire, on en conclut qu'il se trouve dans la seconde moitié.

• On recommence alors l'opération sur la « moitié » concernée, puis sur la moitié de cette moitié, et ainsi de suite... jusqu'à ce que l'une des conditions suivantes soit satisfaite :

© Éditions Eyrolles

– on a trouvé l'élément cherché ;

– on est sûr qu'il ne figure pas dans le tableau.

```
code article recherché : 24
le code 24 n'existe pas

------------------
code article recherché : 19
article de code 19
libellé : Balance de ménage
prix :     278.00
```

Analyse

L'algorithme proposé par l'énoncé suggère d'utiliser trois variables permettant de spécifier, à un instant donné, la partie du tableau dans laquelle s'effectue la recherche :

- gauche : début de la partie restant à explorer ;
- droite : fin de la partie restant à explorer ;
- milieu : position choisie pour le « milieu » de cette partie restant à explorer.

Notez déjà que cette notion de milieu est quelque peu ambiguë. Nous conviendrons qu'elle correspond à la partie entière de la moyenne des indices gauche et droite.

L'algorithme de recherche par dichotomie peut alors s'énoncer ainsi (t désignant le tableau, n le nombre de codes et x l'élément cherché) :

- Initialiser gauche et droite de façon qu'ils désignent l'ensemble du tableau.
- Répéter le traitement suivant :
  - Déterminer le milieu de la partie à explorer :

    milieu = (gauche + droite) / 2

  - Comparer l'élément cherché x avec t(milieu) :
    + S'ils sont égaux, l'élément cherché est localisé en position milieu,
    + Si x est supérieur à t(milieu), l'élément cherché ne peut se situer que dans la partie droite ; on réalise l'affectation :

    debut = milieu + 1

    + dans le cas contraire, l'élément cherché ne peut se situer que dans la partie gauche ; on réalise l'affectation :

    fin = milieu - 1

Il nous reste à spécifier la condition d'arrêt (ou de poursuite) de cette répétition. On peut déjà noter que, à chaque parcours de la boucle, soit la valeur de gauche augmente, soit celle de droite diminue. Ainsi, on est sûr qu'au bout d'un nombre fini de tours on aboutira à l'une des situations suivantes :

      l'élément a été localisé ;

      la valeur de gauche est supérieure à celle de droite.

Elles nous fournissent donc tout naturellement la condition de fin de notre boucle.

Notez que, dans un premier temps, la valeur de gauche devient égale à celle de droite ; mais, dans ce cas, nous ne savons pas encore si le seul élément restant à examiner est ou non égal à x ; aussi est-il nécessaire de faire un tour supplémentaire pour s'en assurer.

Programme

```
.#include <stdio.h>
/* ------  structure contenant les informations relatives aux       */
/*               différents articles              -------------     */
#define NBART 6                      /* nombre total d'articles */
typedef struct { int code ;          /* code article */
                 char * lib ;        /* libellé */
                 float pu ;          /* prix unitaire */
               } t_article ;

t_article article [NBART] =
     { 11, "Gaufrier",          268.0,
       14, "Cafetière 12 T",    235.0,
       16, "Grille-pain",       199.50,
       19, "Balance de ménage", 278.0,
       25, "Centrifugeuse",     370.0,
       26, "Four raclette 6P",  295.25
     } ;
/* -------------------------------------------------------------------*/

#define VRAI 1                  /* pour "simuler" des ..... */
#define FAUX 0                  /* ..... valeurs logiques   */

main()
{  int coderec,                 /* code article recherché */
       codecour,                /* code courant */
       gauche,                  /* limite gauche de la recherche */
       droite,                  /* limite droite de la recherche */
       milieu,                  /* nouvelle limite (droite ou gauche */
       trouve ;                 /* indicateur code trouvé/non trouvé */

   printf ("code article recherché : ") ;
   scanf ("%d", &coderec) ;

   gauche = 0 ;
   droite = NBART-1 ;
   trouve = FAUX ;
```

© Éditions Eyrolles

```
    while (gauche <= droite && !trouve)
      { milieu = (gauche+droite) / 2 ;
        codecour = article[milieu].code ;
        if ( codecour == coderec ) trouve = VRAI ;
        else if ( codecour < coderec)
                gauche = milieu + 1 ;
          else droite = milieu - 1 ;
      }


    if (trouve) printf ("article de code %d\nlibellé : %s\nprix : %10.2f",
                        coderec, article[milieu].lib, article[milieu].pu) ;
      else printf ("le code %d n'existe pas", coderec) ;
  }
```

Commentaires

Notez bien la condition régissant la boucle `while` :

```
        gauche <= droite && !trouve
```

- D'une part, comme nous l'avons dit dans notre analyse, nous poursuivons notre exploration, même quand les valeurs de `gauche` et `droite` sont égales, de manière à savoir si le seul élément restant à examiner convient ou non.

- D'autre part, nous y faisons intervenir un indicateur logique (`trouve`). Nous aurions pu nous en passer, à condition de placer un `break` dans la boucle. Toutefois, dans ce cas, il aurait fallu prévoir, en fin de boucle, un test supplémentaire permettant de savoir si la recherche avait été fructueuse ou non.

Discussion

Il faut prendre garde, dans le déroulement de l'algorithme, à ne pas se contenter de prendre comme nouvelle borne de la partie de tableau à explorer la valeur de `milieu`, en écrivant :

```
        debut = milieu
```

ou :

```
        fin = milieu
```

En effet, dans ce cas, on ne peut plus prouver que la boucle s'achève en un nombre fini de tours. Certaines situations conduisent d'ailleurs à une boucle infinie.

Chapitre 12
Gestion dynamique

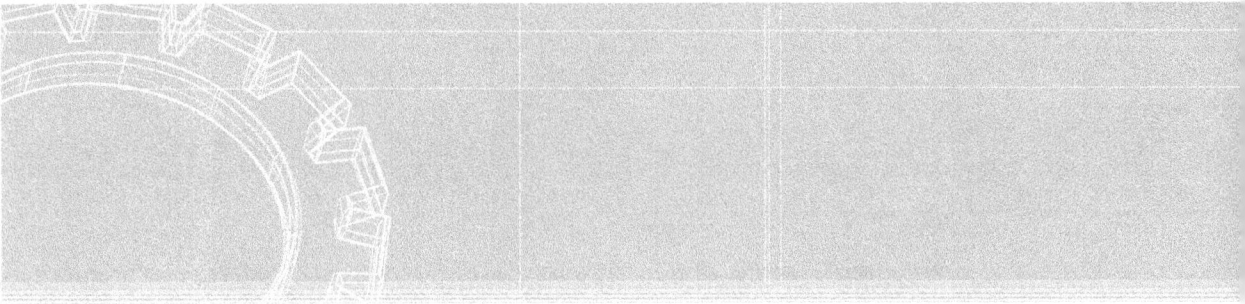

Les données d'un programme se répartissent en trois catégories : statiques, automatiques et dynamiques. Les données statiques sont définies dès la compilation ; la gestion des données automatiques reste transparente au programmeur et seules les données dynamiques sont véritablement créées (dans le **tas**) sur son initiative.

D'une manière générale, l'utilisation de données dynamiques fournit des solutions à des problèmes tels que :

- gestion de données dont l'ampleur n'est pas connue lors de la réalisation du programme ;
- mise en œuvre de structures dites dynamiques, telles que les listes chaînées ou les arbres binaires.

Ce chapitre vous en propose quelques exemples.

Exercice 79 – Crible dynamique

Énoncé

Réaliser un programme qui détermine les premiers nombres premiers par la méthode du crible d'Eratosthène, exposée dans l'exercice 59.

Cette fois, par contre, le nombre d'entiers à considérer ne sera pas fixé par le programme, mais fourni en donnée. Le programme allouera dynamiquement l'emplacement mémoire nécessaire au déroulement de l'algorithme. En cas de mémoire insuffisante, il demandera à l'utilisateur de formuler une demande moins importante.

On s'astreindra ici à utiliser la fonction `malloc`.

Exemple

```
combien d'entiers voulez-vous examiner : 200
entre 1 et 200 les nombres premiers sont :
        2       3       5       7      11      13      17      19      23      29
       31      37      41      43      47      53      59      61      67      71
       73      79      83      89      97     101     103     107     109     113
      127     131     137     139     149     151     157     163     167     173
      179     181     191     193     197     199
```

Solution

Analyse

L'algorithme lui-même a déjà été exposé dans l'exercice 59. La nouveauté réside ici dans l'allocation dynamique de l'espace imparti au tableau d'entiers. Pour ce faire, la démarche la plus classique consiste à faire appel à la fonction `malloc`, comme nous le préconise l'énoncé.

Programme

```c
#include <stdio.h>
#include <stdlib.h>
#define VRAI 1              /* pour simuler des ...*/
#define FAUX 0              /* ... valeurs "logiques" */

main()
{
    unsigned n,             /* nombre d'entiers à considérer */
            * raye,         /* pointeur sur tableau servant de crible */
            prem,           /* dernier nombre premier considéré */
            i ;
    int na ;                /* compteur de nombres premiers affichés */

        /* lecture du nombre d'entiers à considérer et
           allocation dynamique du tableau correspondant */
    do
      { printf ("combien d'entiers voulez-vous examiner : ") ;
        scanf ("%u", &n) ;
```

© Éditions Eyrolles

```
        raye = (unsigned *) malloc ( (n+1)*sizeof(unsigned) ) ;
        if (raye == NULL)
            printf ("*** mémoire insuffisante ") ;
    }
while (raye == NULL) ;

        /* initialisations du crible */
for (i=1 ; i<=n ; i++)                          /* mise à "zéro" du crible */
    raye[i] = FAUX ;
raye[1] = VRAI ;                                      /* on raye le nombre 1 */

        /* passage au crible */
prem = 1 ;
while (prem*prem <= n)
    { while (raye[++prem] && prem<n ) {}
                                    /* recherche premier nb prem non rayé */
      for (i=2*prem ; i<=n ; i+=prem)     /* on raye tous ses multiples */
        raye[i] = VRAI ;
    }

        /* affichage résultats */
printf ("entre 1 et %u les nombres premiers sont :\n", n) ;
na = 0 ;
for (i=1 ; i<=n ; i++)
    if ( !raye[i] )
      { printf ("%7u", i) ;
        if (++na%10 == 0) printf ("\n") ;  /* 10 nombres par ligne */
      }
}
```

Commentaires

1. L'allocation de l'espace mémoire nécessaire au tableau d'entiers est réalisée par l'instruction :

```
raye = (unsigned *) malloc ( (n+1)*sizeof(unsigned) ) ;
```

dans laquelle `raye` est un pointeur sur des entiers non signés.
Or, le prototype de `malloc` est précisément :

```
void * malloc (size_t) ;
```

Le résultat fourni par `malloc` est un « pointeur générique » qui peut être converti implicitement en un pointeur de n'importe quel type. Aussi, l'opérateur de « cast » (`unsigned *`) n'est pas indispensable ici. Notre instruction d'allocation mémoire aurait pu s'écrire :

```
raye = malloc ( (n+1) * sizeof(unsigned) ) ;
```

En ce qui concerne l'argument de `malloc`, celui-ci est a priori d'un type `size_t` défini (par `typedef`) dans `stdlib.h`. Le type exact correspondant dépend de l'implémentation (mais il est toujours non signé - en général, il s'agit de `unsigned int`). Notez que le résultat fourni par `sizeof` est du même type `size_t`.

Rappelons que `malloc` fournit en résultat un pointeur sur le début de la zone concernée lorsque l'allocation a réussi et un pointeur nul dans le cas contraire (notez que le symbole `NULL` est défini dans `stdlib.h`).

2. En ce qui concerne l'algorithme de passage au crible, vous remarquez que nous avons employé exactement les mêmes instructions que dans le programme de l'exercice 59. Pourtant, dans ce dernier, le symbole `raye` désignait un tableau d'entiers, tandis qu'ici il désigne un pointeur sur des entiers. Cela est possible parce qu'en langage C, un nom de tableau est un pointeur (constant).

Discussion

Le choix du type `unsigned` pour n est quelque peu arbitraire ; il est guidé par le fait que `malloc` admet généralement un argument de ce type. En supposant que tel est le cas, on constate qu'alors l'expression :

```
(n+1) * sizeof (unsigned)
```

conduit à des valeurs erronées dès que la valeur de `n*sizeof(int)` dépasse la capacité du type `int` (n'oubliez pas qu'il n'y a pas de détection de dépassement de capacité pour les opérations portant sur des entiers). Le résultat peut alors être catastrophique car le nombre d'octets demandés à `malloc` se trouve être inférieur à celui réellement utilisé.

Le problème se complique encore un peu si l'on tient compte de ce que, dans certaines implémentations, le type `size_t` peut correspondre à autre chose que `unsigned int`.

En toute rigueur, il faudrait donc s'assurer que le nombre de valeurs demandées par l'utilisateur est effectivement inférieur à une certaine limite à fixer en fonction de l'implémentation concernée.

Exercice **80** – Création dynamique de chaînes

Lorsqu'un programme doit traiter un grand nombre de chaînes de longueur variable et que ce nombre n'est pas connu a priori, il peut s'avérer intéressant de faire allouer dynamiquement (par le programme) l'espace mémoire nécessaire au stockage des chaînes. C'est ce que vous propose cet exercice qui peut être considéré comme préalable à un traitement ultérieur de ces chaînes (par exemple un tri comme vous le proposera l'exercice 81).

Énoncé

Écrire un programme qui lit un nombre quelconque de chaînes au clavier et qui les range en mémoire dans des emplacements alloués dynamiquement au fur et à mesure des besoins. Les adresses de chacune des chaînes seront conservées dans un tableau de pointeurs. Ce dernier sera réservé dans le programme (en classe automatique) et sa taille (fixe) imposera donc une valeur maximale au nombre de chaînes qu'il sera ainsi possible de traiter.

© Éditions Eyrolles

L'utilisateur signalera qu'il a fourni sa dernière chaîne en la faisant suivre d'une chaîne « vide ».

Le programme affichera ensuite les chaînes lues, à titre de simple contrôle.

Remarque

On utilisera la fonction malloc et on supposera que les lignes lues au clavier ne peuvent jamais dépasser 127 caractères.

```
----- chaîne numéro 1 (return pour finir)
C
----- chaîne numéro 2 (return pour finir)
Turbo C
----- chaîne numéro 3 (return pour finir)
Basic
----- chaîne numéro 4 (return pour finir)
Pascal
----- chaîne numéro 5 (return pour finir)
Turbo Pascal
----- chaîne numéro 6 (return pour finir)


fin création


liste des chaînes créées

------- chaîne numéro 1
C
------- chaîne numéro 2
Turbo C
------- chaîne numéro 3
Basic
------- chaîne numéro 4
Pascal
------- chaîne numéro 5
Turbo Pascal
```

Analyse

L'énoncé nous impose donc de définir, au sein du programme, un tableau de pointeurs destiné à contenir les adresses des chaînes à créer.

Chaque chaine sera d'abord lue dans une zone intermédiaire (non dynamique). On lui allouera ensuite, dynamiquement, à l'aide de la fonction malloc, un emplacement dont la taille correspond exactement à sa longueur ; l'adresse ainsi obtenue sera mémorisée dans le tableau de pointeurs.

Le traitement sera interrompu :

- soit quand le tableau de pointeurs est plein ;
- soit quand l'utilisateur fournit une chaîne vide.

De plus, à chaque allocation réalisée par `malloc`, on s'assurera que l'espace mémoire nécessaire a pu être obtenu. Dans le cas contraire, on prévoira d'interrompre le programme.

Programme

```
#include <stdio.h>
#include <stdlib.h>                  /* pour la fonction exit */
#include <string.h>
#define NCHMAX 1000                  /* nombre maximal de chaînes */
#define LGLIGNE 127                  /* longueur maximale d'une ligne d'écran */

main()
{
   char ligne [LGLIGNE+1],           /* chaîne servant à lire une ligne écran */
        * adr [NCHMAX],              /* tableau de pointeurs sur les chaînes */
        * ptr ;                     /* pointeur courant sur une chaîne */
   int  nch,                        /* compteur du nombre de chaînes */
        i ;

              /* mise à zéro du tableau de pointeurs */
   for (i=0 ; i<NCHMAX ; i++)
      adr[i] = NULL ;

              /* boucle de création dynamique des chaînes */
      nch=0 ;
      while (nch < NCHMAX)          /* tant que nb max chaînes non atteint */
         { printf ("----- chaîne numéro %d (return pour finir)\n", nch+1) ;
           gets (ligne) ;

           if ( strlen(ligne) )
                { if ( (ptr = malloc (strlen(ligne)+1)) != NULL)
                      strcpy (adr[nch++]=ptr, ligne) ;
                  else
                    { printf ("\n\n*** erreur allocation dynamique") ;
                      exit(-1) ;            /* arrêt si erreur alloc dynam */
                    }
                }
           else break ;                      /* sortie boucle si réponse vide */
         }
      printf ("\nfin création\n") ;

              /* liste des chaînes ainsi créées */
   printf ("\n\nliste des chaînes crées\n\n") ;
   i = 0 ;
   for (i=0 ; i<nch ; i++)
      printf ("------- chaîne numéro %d\n%s\n", i+1, adr[i]) ;
}
```

© Éditions Eyrolles

Commentaires

1. Ici, compte tenu de ce que nous précisait l'énoncé, nous avons choisi de lire nos chaînes dans un tableau de 128 caractères, à l'aide de la fonction `gets`.

2. Nous avons remis à « zéro » le tableau de pointeurs sur nos chaînes. Il s'agit là d'une opération superflue mais qui peut s'avérer utile pendant la phase de mise au point du programme. Notez l'usage du symbole `NULL` ; prédéfini dans le fichier `stdlib.h`, il correspond à la constante pointeur nulle.

3. La création des chaînes est réalisée par une boucle `tant que` (instruction `while`), dans laquelle nous avons prévu deux autres sorties :
   – une sortie par `break`, dans le cas où l'utilisateur a fourni une chaîne vide,
   – un arrêt exceptionnel du programme par `exit`, dans le cas où l'allocation dynamique a échoué. Cette fonction (dont le prototype figure dans `stdlib.h`) requiert un argument ; sa valeur est transmise au système et elle pourrait éventuellement être récupérée par d'autres programmes. Notez que, en l'absence de l'instruction `#include` relative à `stdlib.h`, le compilateur accepte un appel de `exit` sans argument (il est incapable de détecter l'erreur – laquelle n'a d'ailleurs aucune incidence sur l'exécution du programme lui-même).

   Naturellement, beaucoup d'autres formulations seraient possibles.

Discussion

Le fait de réserver le tableau dans le programme (en classe automatique) impose une limite au nombre de chaînes qu'il est ainsi possible de traiter ; cette limite est indépendante de la mémoire réellement disponible. On peut améliorer quelque peu la situation en faisant également **allouer dynamiquement l'espace nécessaire à ce tableau de pointeurs**. Il faut toutefois en connaître la taille (ou du moins une valeur maximale) lors de l'exécution du programme. Cela peut faire l'objet d'une donnée fournie par l'utilisateur comme dans l'exercice suivant.

Exercice **81** – Tri dynamique de chaînes

Énoncé

Écrire un programme permettant de trier par ordre alphabétique des chaînes fournies en donnée. Comme dans l'exercice précédent, on allouera dynamiquement des emplacements mémoire aux chaînes, au fur et à mesure de leur lecture, et leurs adresses seront conservées dans un tableau de pointeurs. Par contre, ici, ce dernier verra, lui aussi, son emplacement alloué dynamiquement en début de programme ; pour ce faire, on demandera à l'utilisateur de fournir une valeur maximale du nombre de chaînes qu'il sera amené à fournir.

On utilisera l'algorithme de « tri par extraction simple » exposé dans l'exercice 79 et on fera appel à la fonction `malloc`.

Exemple

```
nombre maximal de chaînes ? 100
------- chaîne numéro 1 (return pour finir)
C
------- chaîne numéro 2 (return pour finir)
Turbo C
------- chaîne numéro 3 (return pour finir)
Basic
------- chaîne numéro 4 (return pour finir)
Pascal
------- chaîne numéro 5 (return pour finir)
Turbo Pascal
------- chaîne numéro 6 (return pour finir)
Fortran
------- chaîne numéro 7 (return pour finir)
ADA
------- chaîne numéro 8 (return pour finir)


fin création


liste triée des chaînes crées

ADA
Basic
C
Fortran
Pascal
Turbo C
Turbo Pascal
```

Solution

Analyse

Il nous suffit en fait d'adapter le programme de l'exercice précédent, en lui adjoignant :

- la réservation dynamique du tableau de pointeurs ;

- le tri du tableau de chaînes ainsi créé, par réorganisation des pointeurs. Nous utiliserons pour cela l'algorithme de tri par extraction simple Celui-ci a été exposé dans l'énoncé de l'exercice 79 et son adaptation au tri de chaînes a été expliquée dans l'analyse de l'exercice 80.

Programme

```
#include <stdio.h>
#include <stdlib.h>
#include <string.h>
#define LGLIGNE 127            /* longueur maximale d'une ligne d'écran */
main()
{
   char ligne [LGLIGNE+1],   /* chaîne servant à lire une ligne écran */
        * * adr,             /* adresse tableau pointeurs sur les chaînes */
        * ptr,               /* pointeur courant sur une chaîne */
        * tempo ;            /* pointeur temporaire pour éch. 2 pointeurs */
```

© Éditions Eyrolles

```
        unsigned nchmax,           /* nombre maximal de chaînes */
                nch,               /* compteur du nombre de chaînes */
                i, j, kmax ;

                    /* création et mise à zéro du tableau de pointeurs */
        printf ("nombre maximum de chaînes ? ") ;
        scanf ("%d", &nchmax) ;
        getchar() ;                                /* pour sauter la validation */
        if ( (adr = malloc (nchmax*sizeof(char*)) ) == NULL)
           { printf ("\n\n*** erreur allocation dynamique") ;
             exit(-1) ;                            /* arrêt si erreur alloc dynam */
           }
        for (i=0 ; i<nchmax ; i++)
           adr[i] = NULL ;

                    /* boucle de création dynamique des chaînes */
        nch = 0 ;
        while (nch < nchmax)           /* tant que nb max de chaînes non atteint */
           { printf ("------- chaîne numéro %d (return pour finir)\n", nch+1) ;
             gets (ligne) ;
             if ( strlen(ligne) )
                { if ( ( ptr = malloc (strlen(ligne)+1)) != NULL)
                       strcpy (adr[nch++]=ptr, ligne) ;
                  else
                     { printf ("\n\n*** erreur allocation dynamique") ;
                       exit(-1) ;                /* arrêt si erreur alloc dynam */
                     }
                }
             else break ;                        /* sortie boucle si réponse vide */
           }
        printf ("\nfin création\n") ;

                    /* tri des chaînes par réarrangement des pointeurs */
        for (i=0 ; i<nch-1 ; i++)
           { kmax = i ;
             for (j=i+1 ; j<nch ; j++)
                if ( stricmp (adr[kmax], adr[j]) > 0 ) kmax = j ;
             tempo = adr[kmax] ;
             adr[kmax] = adr[i] ;
             adr[i] = tempo ;
           }

                    /* liste triées des chaînes ainsi créées */
        printf ("\n\nliste triée des chaînes créées\n\n") ;
        for (i=0 ; i<nch ; i++)
             puts ( adr[i] ) ;
    }
```

Commentaires

1. Dans le programme de l'exercice 80, le symbole `adr` désignait un *tableau de pointeurs*. Ici, ce même symbole désigne un *pointeur sur un tableau de pointeurs*. Or, malgré cette différence apparente, vous constatez que nous employons toujours la notation :

```
adr[i]
```

avec la **même signification** dans les deux cas.

En fait, dans le précédent programme, `adr` était une **constante pointeur** dont la valeur était celle de l'adresse de début du tableau de pointeurs. Dans le présent programme, `adr` est une **variable pointeur** dont la valeur est également celle de début du tableau de pointeurs. Ainsi, dans les deux cas :

```
adr[i]
```

est équivalent à :

```
* (adr + i)
```

Notez cependant que l'équivalence entre les deux programmes n'est pas totale. En effet, dans le premier cas, `adr` n'est pas une `lvalue` (mot anglais dont une traduction approchée pourrait être : valeur à gauche) ; par exemple, l'expression `adr++` serait incorrecte. Dans le second cas, par contre, `adr` est bien une `lvalue`.

2. Nous n'avons pris aucune précaution particulière en ce qui concerne les lectures au clavier qui sont réalisées ici par `gets` et `scanf`. Indépendamment des anomalies habituelles encourues en cas de données incorrectes (chaîne trop longue pour `gets`, donnée non numérique pour `scanf`), un problème supplémentaire apparaît, lié au fait qu'après une lecture par `scanf`, le pointeur reste positionné sur le dernier caractère non encore utilisé, à savoir ici le `\n` (du moins si l'utilisateur a validé normalement, sans fournir d'informations supplémentaires). Si la lecture suivante est, à son tour, effectuée par `scanf`, aucun problème particulier ne se pose, le caractère \n étant simplement ignoré. Il n'en va plus de même lorsque la lecture suivante est effectuée par `gets` ; dans ce cas, en effet, ce caractère est interprété comme un caractère de « fin » et `gets` fournit... une chaîne vide. C'est pour éviter ce phénomène que nous avons dû introduire une instruction `getchar` pour absorber le `\n`.

Discussion

Pour pouvoir allouer convenablement l'emplacement du tableau de pointeurs, notre programme a besoin que l'utilisateur lui fournisse une valeur maximale du nombre de chaînes. Si nous souhaitions qu'il en soit autrement, il serait nécessaire de pouvoir allouer provisoirement un emplacement à ce tableau, quitte à l'étendre ensuite au fur et à mesure des besoins à l'aide de la fonction `realloc`. Une telle extension pourrait être réalisée, soit à chaque nouvelle chaîne entrée, soit par blocs de taille fixe (par exemple toutes les 100 chaînes).

© Éditions Eyrolles

Exercice 82 – Création d'une liste chaînée

On appelle liste chaînée ou liste liée une suite ordonnée d'éléments dans laquelle chaque élément, sauf le dernier, comporte un pointeur sur l'élément suivant.

Énoncé

Écrire un programme qui crée une liste chaînée d'éléments comportant chacun :

- un nom (chaîne) d'au maximum 10 caractères ;
- un âge.

Les informations correspondantes seront lues au clavier et l'utilisateur frappera un nom « vide » après les données relatives au dernier élément.

Le programme affichera ensuite les informations contenues dans la liste ainsi créée, dans l'ordre inverse de celui dans lequel elles auront été fournies.

On prévoira deux fonctions : l'une pour la création, l'autre pour la liste. Elles posséderont comme unique argument l'adresse de début de la liste (pointeur sur le premier élément).

Exemple

```
nom : Laurence
age : 19
nom : Yvette
age : 35
nom : Catherine
age : 20
nom : Sebastien
age : 21
nom :


       NOM   AGE

   Sebastien  21
   Catherine  20
     Yvette   35
   Laurence   19
```

Solution

Analyse

Chaque élément de notre liste sera représenté par une structure. Nous voyons que celle-ci doit contenir un pointeur sur un élément de même type. Cela fait intervenir une certaine « récursivité » dans la déclaration correspondante, ce qui est accepté en C.

En ce qui concerne l'algorithme de création de la liste, deux possibilités s'offrent à nous :

- Ajouter chaque nouvel élément à la fin de la liste. Le parcours ultérieur de la liste se fera alors dans le même ordre que celui dans lequel les données correspondantes ont été introduites.

⬤ Ajouter chaque nouvel élément en début de liste. Le parcours ultérieur de la liste se fera alors dans l'ordre inverse de celui dans lequel les données correspondantes ont été introduites.

Compte tenu de ce que l'énoncé nous demande d'afficher la liste à l'envers, après sa création, il paraît plus apportun de choisir la seconde méthode.

Comme demandé, la création de la liste sera réalisée par une fonction. Le programme principal se contentera de réserver un pointeur (nommé debut) destiné à désigner le premier élément de la liste. Sa valeur effective sera fournie par la fonction de création.

L'algorithme de création, quant à lui, consistera à répéter le traitement d'insertion d'un nouvel élément en début de liste, à savoir :

⬤ créer dynamiquement un emplacement pour un nouvel élément et y ranger les informations fournies au clavier ;

⬤ affecter au pointeur contenu dans ce nouvel élément l'ancienne valeur de debut ;

⬤ affecter à debut l'adresse de ce nouvel élément.

Nous conviendrons, de plus, que le dernier élément de la liste possède un pointeur nul, ce qui nous facilitera l'initialisation de l'algorithme ; en effet, celle-ci se ramène alors à l'affectation à debut d'une valeur nulle.

Programme

```c
#include <stdio.h>
#include <stdlib.h>
#include <string.h>

#define LGNOM 20                    /* longueur maximale d'un nom */

typedef struct element             /* définition du type élément */
      { char nom [LGNOM+1] ;              /* nom */
        int age ;                         /* age */
        struct element * suivant ;        /* pointeur element suivant */
      } t_element ;


main()
{
   void creation (t_element * *) ;    /* fonction de création de la liste */
   void liste (t_element *) ;         /* fonction de liste de la liste */
   t_element * debut ;                /* pointeur sur le début de la liste */
   creation (&debut) ;
   liste (debut) ;
}
```

© Éditions Eyrolles

```
                /********************************************/
                /*    fonction de création d'une liste chaînée    */
                /********************************************/
        void creation (t_element * * adeb)
        {
           char nomlu [LGNOM+1] ;          /* pour lire un nom au clavier */
           t_element * courant ;           /* pour l'échange de valeurs de pointeurs */

           * adeb = NULL ;                                 /* liste vide au départ */

           while (1)                  /* boucle de création apparemment infinie ... */
              {                        /* ... mais, en fait, interrompue sur "nom vide" */
              printf ("nom : ") ;
              gets (nomlu) ;
              if (strlen(nomlu))
                 { courant = (t_element *) malloc (sizeof(t_element)) ;
                   strcpy (courant->nom, nomlu) ;
                   printf ("age : ") ;
                   scanf ("%d", &courant->age) ;
                   getchar() ;                           /* pour sauter le \n */
                   courant->suivant = * adeb ;
                   * adeb = courant ;
                 }
              else break ;                       /* sortie boucle si nom vide */
              }
        }



                /**********************************************/
                /*    fonction de liste d'une liste chaînée      */
                /**********************************************/
        void liste (t_element * debut)
        {
           printf ("\n\n          NOM   AGE\n\n") ;
           while (debut)
              { printf ("%15s %3d\n", debut->nom, debut->age) ;
                debut = debut->suivant ;
              }
        }
```

Commentaires

1. Nous avons ici choisi de déclarer notre structure à un niveau global et de faire appel à
typedef. Cette déclaration à un niveau global évite de devoir décrire la même structure
en différents endroits, ce qui serait, non seulement laborieux mais, de surcroît, source
d'erreurs. Par contre, le recours à typedef n'apporte qu'une simplification des déclara-

tions des éléments de ce type (dans le cas contraire, il suffirait de remplacer `t_element` par `struct element`).

Notez bien, par contre, qu'il n'est pas possible de remplacer, au sein de la définition de notre structure, l'écriture :

```
struct element * suivant
```

par :

```
t_element * suivant
```

2. La fonction de création reçoit en argument **l'adresse** du pointeur `debut`, car elle doit pouvoir lui attribuer une valeur. La fonction de liste, quant à elle, se contente de la **valeur** de ce même pointeur. Cette différence se répercute naturellement sur la manière d'utiliser cet argument dans chacune des deux fonctions.

Notez d'ailleurs que nous avons pu nous permettre, dans la fonction de liste, de modifier la valeur ainsi reçue (le pointeur `debut` y décrit successivement les différents éléments de la liste).

3. Là encore, les lectures au clavier ont été réalisées par `scanf` et `gets`, donc sans protections particulières. Comme nous l'avons déjà signalé dans le précédent exercice, l'utilisation conjointe de ces deux fonctions pose un problème lié au fait que, après une lecture par `scanf`, le pointeur reste positionné sur le dernier caractère non encore utilisé, à savoir (généralement) \n. C'est ce qui justifie l'introduction d'une instruction `getchar` pour absorber ce caractère intempestif.

© Éditions Eyrolles

Chapitre 13
Récursivité

La récursivité est une notion délicate mais qui a l'avantage de conduire souvent à des programmes simples.

Les trois premiers exercices de ce chapitre sont plutôt des « exercices d'école » destinés à vous faire explorer différentes situations en vous forçant à écrire une fonction récursive, là où, en pratique, on ne serait pas amené à le faire.

Exercice 83 – Lecture récursive (1)

Énoncé

Écrire une fonction récursive de lecture d'une valeur entière au clavier. La fonction devra s'appeler elle-même dans le cas où l'information fournie est incorrecte (non numérique).

On prévoira une fonction à un argument (l'adresse de la variable pour laquelle on veut lire une valeur) et sans valeur de retour.

On pourra faire appel à `fgets` et `sscanf` pour détecter convenablement les réponses incorrectes.

Remarque

Nous vous conseillons de comparer cet exercice au suivant dans lequel le même problème est résolu par l'emploi d'une fonction récursive sans argument et avec valeur de retour.

```
donnez un nombre entier : un
** réponse incorrecte - redonnez-la : 'à
** réponse incorrecte - redonnez-la : 40
-- merci pour 40
```

Analyse

Au sein de la fonction (que nous nommerons `lecture`), nous lirons la valeur attendue à l'aide de `fgets (..., stdin)`, associé à `sscanf`, comme nous l'avons déjà fait dans certains des exercices précédents.

Nous considérerons la réponse de l'utilisateur comme correcte lorsque le code de retour de `sscanf` sera égal à `1`. Si tel n'est pas le cas, nous ferons à nouveau appel à la même fonction `lecture`.

Programme

```c
#include <stdio.h>

#define LG_LIG 20               /* longueur maxi information lue au clavier */
main()
{
   void lecture (int *) ;       /* prototype fonction (récursive) de lecture */
   int n ;                      /* entier à lire */

   printf ("donnez un nombre entier : ") ;
   lecture (&n) ;
   printf ("-- merci pour %d", n) ;
}

void lecture (int *p)
{
   int compte ;                 /* compteur du nb de valeurs OK */
   char ligne[LG_LIG+1] ;       /* pour lire une ligne au clavier par fgets */
                                /*    +1 pour tenir compte du \0 de fin    */

   fgets (ligne, LG_LIG, stdin) ;
```

© Éditions Eyrolles

```
        compte = sscanf (ligne, "%d", p) ;
        if (!compte)
            { printf ("** réponse incorrecte - redonnez la : ") ;
              lecture (p) ;
            }
    }
```

Commentaires

1. Notez bien qu'au sein de la fonction `lecture`, au niveau de l'appel de `sscanf`, nous voyons apparaître `p` et non `&p`, puisque ici `p` est déjà un pointeur sur la variable dont on veut lire la valeur.

2. Si nous avions utilisé simplement `gets` (comme dans l'exercice 48 de la première partie) au lieu de `fgets (..., stdin)`, nous aurions pu également nous protéger de mauvaises réponses de l'utilisateur, mais nous aurions dû définir une taille maximale pour la chaîne lue au clavier ; nous aurions couru le risque de « débordement mémoire », dans le cas où l'utilisateur aurait fourni une réponse trop longue.

Discussion

Chaque nouvel appel de `lecture` entraîne l'allocation automatique, sur la pile, d'emplacements pour :

- l'argument `p` ;

- les objets locaux : `compte` et `ligne`.

Or, en fait, ne sont nécessaires que les valeurs correspondant au dernier appel de `lecture` (celui où la lecture s'est convenablement déroulée) ; dans ces conditions, l'empilement des différents emplacements alloués au tableau `ligne` est superflu. Si l'on souhaite faire quelques économies d'espace mémoire à ce niveau, on peut s'arranger pour que cet emplacement ne soit réservé qu'une seule fois :

- soit dans le programme appelant (ici le programme principal) ; dans ce cas, il faudra en transmettre l'adresse en argument, ce qui entraîne l'empilement d'une variable supplémentaire ;

- soit en classe globale ; dans ce cas, on peut également traiter de la sorte `compte` et `p` (c'est-à-dire , en fait, n), ce qui supprime du même coup tous les arguments et les objets locaux de `lecture`. Notez qu'il restera quand même, à chaque appel, une allocation automatique d'espace pour *l'adresse de retour* ;

- soit en classe statique (`static`) au sein de la fonction. Là encore, nous pouvons traiter de la même manière la variable `compte`, la variable `p`, quant à elle, restant soumise aux empilements.

Exercice **84** – Lecture récursive (2)

Énoncé

Écrire une fonction récursive de lecture d'une valeur entière au clavier. La fonction devra s'appeler elle-même dans le cas où l'information fournie est incorrecte (non numérique).

On prévoira cette fois une fonction dans laquelle la valeur de retour est la valeur lue (il n'y aura donc pas d'arguments).

Là encore, on pourra faire appel à fgets (..., stdin) et sscanf pour détecter convenablement les réponses incorrectes.

Remarque

Cet exercice est surtout destiné à être comparé au précédent dans lequel le même problème est résolu par l'emploi d'une fonction avec argument et sans valeur de retour.

```
donnez un nombre entier : un
** réponse incorrecte - redonnez-la : 'à
** réponse incorrecte - redonnez-la : 40
-- merci pour 40
```

Analyse

Comme précédemment, au sein de notre fonction (nommée lecture), nous lirons la valeur attendue à l'aide de fgets associé à sscanf. Nous considérerons la réponse de l'utilisateur comme correcte lorsque le code de retour de sscanf sera égal à 1. Si cela n'est pas le cas, nous ferons de nouveau appel à la même fonction lecture.

Programme

```c
#include <stdio.h>

#define LG_LIG 20              /* longueur maxi information lue au clavier */
main()
{
   int lecture (void) ;        /* fonction (récursive) de lecture */
   int n ;                     /* entier à lire */

   printf ("donnez un nombre entier : ") ;
   n = lecture() ;
   printf ("-- merci pour %d", n) ;
}
```

© Éditions Eyrolles

```
int lecture (void)
{
    int compte,                /* compteur du nb de valeurs OK */
        p ;                    /* entier à lire */
    char ligne[LG_LIG+1] ;     /* pour lire une ligne au clavier par fgets */

    fgets (ligne, LG_LIG, stdin) ;
    compte = sscanf (ligne, "%d", &p) ;
    if (!compte)
        { printf ("** réponse incorrecte - redonnez-la : ") ;
          p = lecture() ;
        }
    return(p) ;
}
```

Commentaires

1. Cette fois, on notera que p désigne une variable locale de type int, dont l'emplacement est alloué automatiquement à chaque appel de la fonction lecture, de la même manière que pour les autres objets locaux compte et ligne. Par ailleurs, si aucun emplacement n'est alloué ici pour un quelconque argument, il faut en prévoir un pour la valeur de retour. On remarque d'ailleurs qu'ici cette valeur se trouve « propagée » de proche en proche, lors du « dépilement » des appels.

2. Prenez garde à ne pas écrire :

```
if (!compte)
    { printf ("** réponse incorrecte - redonnez-la : ") ;
      p = lecture() ;
    }
    else return (p) ;
```

car la fonction ne renverrait une valeur que lorsque la lecture se serait déroulée convenablement. Notez d'ailleurs que dans ce cas, bon nombre de compilateurs vous préviendrait par un message d'avertissement (« warning »).

Par contre, il serait tout à fait correct (et équivalent) d'écrire :

```
if (!compte)
    { printf ("** réponse incorrecte - redonnez la : ") ;
      return (lecture()) ;
    }
    else return (p) ;
```

Discussion

Les remarques faites dans le précédent exercice à propos des empilements de ligne (et éventuellement compte) s'appliquent encore ici.

Exercice 85 – Lecture récursive (3)

Énoncé

Écrire une fonction récursive de lecture d'un entier au clavier. La fonction devra s'appeler elle-même dans le cas où l'information fournie est incorrecte.

Cette fois, la fonction possédera 3 arguments :

- le message qu'elle doit imprimer avant de lire une valeur (le message « donnez un nombre entier : » ne sera donc plus affiché par le programme principal) ;
- l'adresse de la variable dans laquelle on doit lire une valeur ;
- le nombre maximal d'essais autorisés.

Elle fournira un code de retour égal à 0 si la lecture a fini par aboutir et à -1 lorsque la lecture n'a pas pu aboutir dans le nombre d'essais impartis.

Comme dans les deux précédents exercices, on fera appel à fgets associée à sscanf.

```
donnez un nombre entier : huit
** réponse incorrecte - redonnez-la : 8
-- merci pour 8


         -------------------
donnez un nombre entier : un
** réponse incorrecte - redonnez-la : deux
** réponse incorrecte - redonnez-la : trois
** réponse incorrecte - redonnez-la : quatre
** réponse incorrecte - redonnez-la : cinq
-- nombre d'essais dépassé
```

Analyse

Le message à imprimer sera transmis sous forme de l'adresse d'une chaîne. La fonction affichera ce message dès son appel. Son contenu devra donc être :

donnez un nombre entier :

dans l'appel initial de la fonction (réalisé dans le programme principal), et :

** réponse incorrecte - redonnez-la :

dans l'appel de la fonction par elle-même en cas de réponse incorrecte.

En ce qui concerne le nombre maximal d'appels, on le transmettra par valeur et on s'arrangera pour faire décroître sa valeur de 1 à chaque appel.

La récursivité des appels cessera lorsque l'une des deux conditions suivantes sera satisfaite :

- valeur lue correcte - on fournira alors 0 comme valeur de retour ;
- nombre maximal d'appels dépassé - on fournira alors -1 comme valeur de retour.

© Éditions Eyrolles

Programme

```
.#include <stdio.h>
#define LG_LIG 20                    /* longueur maxi information lue au clavier */
main()
{
   int lecture (char *, int *, int) ;   /* proto fonction (récursive) de lecture */
   int n ;                              /* entier à lire */
   const nessais = 5 ;                  /* nombre d'essais autorisés */

   if ( lecture ("donnez un nombre entier : ", &n, nessais) != -1)
        printf ("-- merci pour %d", n) ;
     else printf ("-- nombre d'essais dépassé") ;
}

int lecture (char * mes, int * p, int nmax)
                  /* mes : adresse message à afficher avant lecture */
                  /* p : adresse de la valeur à lire                 */
                  /* nmax : nombre d'essais autorisés                */
{
   int compte ;              /* compteur du nb de valeurs OK */
   char ligne [LG_LIG] ;     /* pour lire une ligne au clavier par fgets */

   printf ("%s", mes) ;
   fgets (ligne, LG_LIG, stdin) ;
   compte = sscanf (ligne, "%d", p) ;
   if (!compte)
        if (--nmax)
            return (lecture ("*** réponse incorrecte - redonnez-la : ",
                              p, nmax) ) ;
          else return (-1) ;
      else return (0) ;
}
```

Commentaires

Nous avons choisi ici de faire afficher le message :

```
nombre d'essais dépassé
```

dans le programme principal. Il s'agit là d'un choix arbitraire puisque nous aurions tout aussi bien pu le faire afficher par la fonction elle-même.

Exercice **86** – Puissance entière

Énoncé

Écrire une fonction récursive permettant de calculer la valeur de x^k pour x réel quelconque et k entier relatif quelconque. On exploitera les propriétés suivantes :

$x^0 = 1$,

$x^k = x$ pour k = 1,

$x^{-k} = 1 / x^k$ pour k positif,

$x^k = (x^{k-1})\, x$ pour k positif impair,

$x^k = (x^{k/2})\, x$ pour k positif pair.

On testera cette fonction à l'aide d'un programme principal permettant à l'utilisateur de fournir en données les valeurs de x et de k.

```
donnez une valeur réelle : 4
donnez une puissance entière : -2
4.000000e+000 à la puissance -2 = 6.250000e-002

            -------------------
donnez une valeur réelle : 5.2
donnez une puissance entière : 3
5.200000e+000 à la puissance 3 = 1.406080e+002
```

Analyse

L'énoncé fournit les « définitions récursives » à employer.

Programme

```c
#include <stdio.h>

main()
{
   double puissance(double, int) ;   /* proto fonction d'élévation à la puissance */
   double x ;                         /* valeur dont on cherche la puissance neme */
   int n ;                            /* puissance à laquelle on veut élever x */

   printf ("donnez une valeur réelle : ") ;
   scanf ("%le", &x) ;
   printf ("donnez une puissance entière : ") ;
   scanf ("%d", &n) ;
   printf ("%le à la puissance %d = %le", x, n, puissance (x, n) ) ;
}
```

© Éditions Eyrolles

```
double puissance (double x, int n)
{
   double z ;

   if (n < 0) return (puissance (1.0/x, -n) ) ;   /* puissance négative */
   else if (n == 0) return (1) ;                   /* x puissance 0 égale 1 */
   else if (n == 1) return (x) ;                   /* x puissance 1 égale x */
   else if (n%2 == 0)
      { z = puissance (x, n/2) ;                    /* puissance paire */
        return (z*z) ;
      }
   else return (x * puissance (x, n-1) ) ;         /* puissance impaire */
}
```

Commentaires

Il est préférable d'écrire :

```
z = puissance (x, n/2) ;
return (z*z) ;
```

plutôt que :

```
return (puissance (x,n/2) * puissance (x,n/2) ) ;
```

qui produirait deux fois plus d'appels de la fonction `puissance`.

Exercice **87** – Fonction d'Ackermann

Énoncé

Écrire une fonction récursive calculant la valeur de la fonction d'Ackermann, définie pour m et n, entiers positifs ou nuls, par :

A(m,n) = A(m-1, A(m,n-1))   pour $m>0$ et $n>0$,

A($0,n$) = $n+1$ pour $n>0$,

A($m,0$) = A(m-1,1)   pour $m>0$.

Cette fonction possédera en argument les valeurs de m et de n et fournira on résultat la valeur de A correspondante.

On visualisera l'empilement des appels et leur dépilement en affichant un message accompagné de la valeur des deux arguments lors de chaque entrée dans la fonction ainsi que juste avant sa sortie (dans ce dernier cas, on affichera également la valeur que la fonction s'apprête à retourner).

On testera cette fonction à l'aide d'un programme principal auquel on fournira en données les valeurs de m et de n.

Exemple

```
valeurs de m et n ? : 1 1
** entrée Acker (1, 1)
** entrée Acker (1, 0)
** entrée Acker (0, 1)
-- sortie Acker (0, 1) = 2
-- sortie Acker (1, 0) = 2
** entrée Acker (0, 2)
-- sortie Acker (0, 2) = 3
-- sortie Acker (1, 1) = 3


Acker (1, 1) = 3
```

Solution

Programmation

```c
#include <stdio.h>

main()
{
    int m, n, a ;
    int acker (int, int) ;  /* prototype fonction de calcul fonction d'Ackermann */

    printf ("valeurs de m et n ? : ") ;
    scanf ("%d %d", &m, &n) ;
    a = acker (m, n) ;
    printf ("\n\nAcker (%d, %d) = %d", m, n, a) ;
}

        /***********************************************************/
        /* fonction récursive de calcul de la fonction d'Ackermann */
        /***********************************************************/

int acker (int m, int n)
{
    int a ;             /* valeur de la fonction */

    printf ("** entrée Acker (%d, %d)\n", m, n) ;
    if (m<0 || n<0)
        a = -1      ;                           /* cas arguments incorrects */
    else if (m == 0)
        a = n+1 ;
    else if (n == 0)
        a = acker (m-1, 1) ;
    else
        a = acker (m-1, acker(m, n-1) ) ;
    printf ("-- sortie Acker (%d, %d) = %d\n", m, n, a) ;
    return (a) ;
}
```

© Éditions Eyrolles

Exercice **88** – Tours de Hanoi

Énoncé

Réaliser une fonction récursive proposant une solution au problème dit des tours de Hanoi, lequel s'énonce ainsi :

On dispose de trois piquets, numérotés 1, 2 et 3 et de n disques de tailles différentes. Au départ, ces disques sont empilés par taille décroissante sur le piquet numéro 1. Le but du jeu est de déplacer ces n disques du piquet numéro 1 sur le piquet numéro 3, en respectant les contraintes suivantes :

– on ne déplace qu'un seul disque à la fois (d'un piquet à un autre) ;

– un disque ne doit jamais être placé au-dessus d'un disque plus petit que lui.

On testera cette fonction avec un programme principal permettant de choisir, en donnée, le nombre total de disques à déplacer (n).

Si vous n'êtes pas familiarisé avec ce type de problème, nous vous conseillons de tenter tout d'abord de le résoudre manuellement avant de chercher à programmer la fonction demandée.

```
combien de disques ? 4
déplacer un disque de 1 en 2
déplacer un disque de 1 en 3
déplacer un disque de 2 en 3
déplacer un disque de 1 en 2
déplacer un disque de 3 en 1
déplacer un disque de 3 en 2
déplacer un disque de 1 en 2
déplacer un disque de 1 en 3
déplacer un disque de 2 en 3
déplacer un disque de 2 en 1
déplacer un disque de 3 en 1
déplacer un disque de 2 en 3
déplacer un disque de 1 en 2
déplacer un disque de 1 en 3
déplacer un disque de 2 en 3
```

Analyse

Pour n=1, la solution est évidente ; il suffit de déplacer l'unique disque du piquet numéro 1 au piquet numéro 3.

Dès que n est supérieur à 1, on remarque qu'il est nécessaire d'utiliser le piquet numéro 2 pour des stockages intermédiaires. On peut considérer que le problème consiste à *déplacer* n *disques du piquet numéro* 1 *vers le piquet numéro* 3, *en utilisant le piquet numéro* 2 *comme piquet intermédiaire*. On peut montrer que cette opération se décompose en trois opérations plus simples :

- déplacer les n-1 disques supérieurs du piquet numéro 1 vers le piquet numéro 2 ; pendant cette phase, on peut utiliser le piquet numéro 3 comme piquet intermédiaire ;
- déplacer les n-1 disques du piquet numéro 2 vers le piquet numéro 3 ; là encore, on peut utiliser le piquet numéro 1 comme piquet intermédiaire (le disque initialement présent sur ce piquet étant plus grand que tous les disques à déplacer).

Cela nous conduit à la réalisation d'une fonction récursive possédant comme arguments :

- le nombre de disques à déplacer ;
- le numéro du piquet « de départ » ;
- le numéro du piquet « d'arrivée » ;
- le numéro du piquet « intermédiaire ».

Programme

```
#include <stdio.h>

main()
{
    void hanoi (int, int, int, int) ;
    int nd         ;              /* nombre total de disques */

    printf ("combien de disques ? ") ;
    scanf ("%d", &nd) ;
    hanoi (nd, 1, 3, 2) ;
}

         /*********************************************/
         /* fonction résolvant le pb des tours de hanoi */
         /*********************************************/
void hanoi (int n, int depart, int but, int inter)
    /* n      : nombre de disques à déplacer */
    /* depart : tour d'où l'on part */
    /* but    : tour où l'on arrive */
    /* inter  : tour intermédiaire */
{
    if (n>0)
        { hanoi (n-1, depart, inter, but) ;
          printf ("déplacer un disque de %d en %d\n", depart, but) ;
          hanoi (n-1, inter, but, depart) ;
        }
}
```

© Éditions Eyrolles

Chapitre 14
Traitement de fichiers

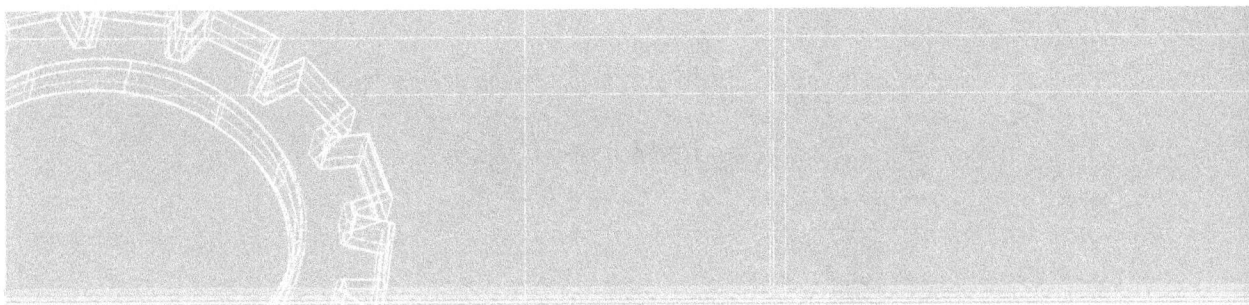

Les exercices de ce chapitre vous fournissent des exemples classiques de traitement de fichiers correspondant à différents aspects :

- traitement séquentiel ;
- accès direct ;
- fichiers de type texte.

Exercice **89** – Création séquentielle de fichier

Énoncé

Écrire un programme de **création séquentielle** d'un fichier comportant, pour un certain nombre de personnes, les informations suivantes, fournies au clavier :

- nom (au maximum 20 caractères) ;
- âge ;
- nombre d'enfants ;
- âge de chacun des différents enfants ; on ne demandera (et donc on n'enregistrera) que l'âge des 15 premiers enfants (mais le nombre figurant dans le champ précédent pourra être supérieur à 15).

L'utilisateur fournira un nom « vide » pour signaler qu'il n'a plus de personnes à enregistrer.

On ne prévoira aucun contrôle particulier au niveau de la saisie des données

Exemple

```
donnez le nom du fichier à créer : person
----- pour terminer la saisie, donnez un nom 'vide' ---
nom              : dubois
age              : 32
nombre enfants : 1
age enfant no 1 : 7

nom              : dunoyer
age              : 29
nombre enfants : 0

nom              : dutronc
age              : 45
nombre enfants : 3
age enfant no 1 : 21
age enfant no 2 : 18
age enfant no 3 : 17

nom              :

-------- FIN CREATION FICHIER ----------
```

Solution

Analyse

La structure de chaque enregistrement du fichier découle de l'énoncé. Cependant, en ce qui concerne la manière de représenter le nom des personnes, nous devons décider de la présence ou de l'absence du caractère de fin de chaîne (\0). Ici, nous avons choisi, par facilité, d'introduire ce caractère, ce qui implique que la zone correspondante soit de longueur 21.

Pour créer notre fichier, nous utiliserons les fonctions de niveau 2, c'est-à-dire ici fopen et fwrite. Rappelons que celles-ci travaillent avec un pointeur sur une structure de type FILE (prédéfini dans stdio.h). La valeur de ce pointeur nous est fournie par fopen ; cette fonction restitue un pointeur nul en cas d'erreur d'ouverture.

La création du fichier consiste simplement à répéter les actions :

- lecture d'informations au clavier ;
- écriture de ces informations dans le fichier.

Cette répétition doit être interrompue à la rencontre d'un nom vide.

© Éditions Eyrolles

Programme

```c
#include <stdio.h>
#include <string.h>
#include <stdlib.h>
#define LGNOM 20                    /* longueur maxi d'un nom */
#define NBENFMAX 15                 /* nombre maxi d'enfants */
#define LNOMFICH 20                 /* longueur maxi nom de fichier */

main()
{  char nomfich [LNOMFICH+1] ;      /* nom du fichier à créer */
   FILE * sortie  ;                 /* descripteur fichier (niveau 2) */
   struct { char nom [LGNOM+1] ;
            int age ;               /* description d'un enregistrement */
            int nbenf ;                     /* du fichier */
            int agenf [NBENFMAX] ;
          } bloc ;
   int i ;

           /* ouverture fichier à créer */
           /* attention : mode d'ouverture w au lieu de wb dans certains cas */
   printf ("donnez le nom du fichier à créer : ") ;
   gets (nomfich) ;
   if ( (sortie = fopen (nomfich, "w")) == NULL )
      { printf ("***** erreur ouverture - abandon programme") ;
        exit(-1) ;
      }

           /* création du fichier à partir d'informations */
           /* fournies au clavier */
   printf ("----- pour terminer la saisie, donnez un nom 'vide' ---\n") ;
   do
      { printf ("nom             : ") ;                     /* saisie nom */
        gets (bloc.nom) ;
        if ( strlen(bloc.nom) == 0) break ; /* sortie boucle si nom vide */
        printf ("age             : ") ;
        scanf ("%d", &bloc.age) ;                           /* saisie age */
        printf ("nombre enfants  : ") ;
        scanf ("%d", &bloc.nbenf) ;                    /* saisie nb enfants */
        for (i=0 ; i < bloc.nbenf && i < NBENFMAX ; i++)
           { printf ("age enfant no %d : ", i+1) ;     /* saisie age des */
             scanf ("%d", &bloc.agenf[i]) ;            /* différents enfants */
           }
        getchar() ;                                    /* pour éliminer \n */
        printf ("\n") ;
        fwrite (&bloc, sizeof(bloc), 1, sortie) ;     /* écriture fichier */
      }
   while (1) ;
```

```
                    /* fin création */
        fclose(sortie) ;
        printf ("\n ------- FIN CREATION FICHIER ---------") ;
}
```

Commentaires

1. Notez le « mode d'ouverture » **wb** :

w : ouverture en écriture ; si le fichier n'existe pas, il est créé. S'il existe, son ancien contenu est perdu.

b : mode dit « binaire » ou « non translaté ».

En fait, l'indication **b** ne se justifie que dans les implémentations qui distinguent les fichiers de texte des autres. Une telle distinction est motivée par le fait que le caractère de fin de ligne (\n) possède, sur certains systèmes, une représentation particulière obtenue par la succession de deux caractères. La présence de **b** évite le risque que le fichier concerné soit considéré comme un fichier de type texte, ce qui amènerait une interprétation non souhaitée des couples de caractères représentant une fin de ligne.

2. Ici, nous avons fait appel à la fonction `exit` (son prototype figure dans `stdlib.h`) pour interrompre le programme en cas d'erreur d'ouverture du fichier. Il s'agit là d'un choix arbitraire. Nous aurions pu demander à l'utilisateur de proposer un autre nom de fichier.

3. En ce qui concerne la boucle de création du fichier, nous avons choisi de la programmer sous forme d'une boucle infinie :

```
    do
        .......
        .......
    while (1) ;
```

que nous interrompons au moment opportun par `break`. Nous aurions pu également choisir d'introduire les premières instructions de la boucle dans l'expression conditionnant une instruction `while`, de cette manière :

```
    while (printf("nom          : "), gets(bloc.nom), strlen(bloc.mot) )
```

4. Comme prévu par l'énoncé, aucun contrôle particulier n'est effectué sur les données qui sont donc lues par `scanf` et `gets`. Là encore se pose le problème d'ignorer le \n qui subsiste après une lecture par `scanf`, ce qui impose d'introduire artificiellement une instruction `getchar` (pour plus de détails sur ce problème, voyez les commentaires de l'exercice 81).

5. Rappelons que la fonction d'écriture dans le fichier (`fwrite`) possède 4 arguments :
  – L'adresse de début d'un ensemble de blocs à écrire (notez bien la notation `&bloc` et non simplement `bloc`, dans la mesure où le nom d'une structure désigne sa valeur et non son adresse, comme cela est le cas pour un tableau).
  – La taille d'un bloc. Notez qu'ici nous avons utilisé la fonction `sizeof`, ce qui assure la portabilité du programme.
  – Le nombre de blocs de cette taille à écrire (ici, 1).

© Éditions Eyrolles

– L'adresse de la structure décrivant le fichier (elle a été fournie par `fopen`).

Discussion

1. Ce programme n'examine pas le code de retour de `fwrite`, lequel précise le nombre de blocs réellement écrits dans le fichier (ce nombre étant inférieur au nombre souhaité en cas d'erreur d'écriture). Il faut toutefois noter, à ce propos, que, généralement, un certain nombre d'erreurs sont « récupérées » par le système qui affiche alors lui-même son propre message.

2. Comme le prévoyait l'énoncé, ce programme n'est pas protégé d'éventuelles erreurs dans les réponses fournies par l'utilisateur. À titre indicatif, voici quelques situations que l'on peut rencontrer :

– Si l'utilisateur fournit un nom de fichier de plus de 20 caractères, il y aura écrasement d'informations en mémoire. Ici, il serait toutefois assez facile de remédier à ce problème en attribuant au symbole `LNOMFICH` une valeur supérieure au nombre de caractères que l'on peut frapper au clavier dans l'implémentation concernée. On pourrait également lire un nombre de caractères limités en utilisant, au lieu de `gets (nomfich)`, l'instruction :

```
fgets (nomfich, LNOMFICH, stdin) ;
```

Notez toutefois que, dans ce cas, les caractères supplémentaires frappés éventuellement par l'utilisateur sur la même « ligne » seraient pris en compte par une prochaine instruction de lecture sur l'entrée standard.

Dans certaines implémentations (notamment Turbo/Borland C et C/QuickC Microsoft), il est possible de régler complètement le problème en utilisant l'instruction `cgets` qui a le mérite de limiter, non seulement le nombre de caractères pris en compte, mais également ceux effectivement frappés au clavier.

– Si l'utilisateur fournit plus de caractères que n'en attend `scanf`, ceux-ci seront utilisés (avec plus ou moins de bonheur) par une lecture suivante. Là encore, le problème ne peut être convenablement réglé que d'une façon dépendant de l'implémentation, par exemple avec la fonction `cgets` (associée, cette fois, à sscanf) citée précédemment.

– Si l'utilisateur fournit des caractères non numériques là où `scanf` attend des chiffres, le résultat de la lecture sera arbitraire ; le programme ne s'en apercevra pas puisqu'il ne teste pas le code de retour de `scanf` (qui fournit le nombre de valeurs effectivement lues). De plus, là encore, les caractères non traités seront repris par une lecture ultérieure. Le premier point peut, là encore, être résolu par l'emploi de `sscanf`, associé à `fgets (..., stdin)`. Là encore, dans certaines implémentations, `cgets` (associée à `sscanf`) permet de régler totalement le problème.

Exercice **90** – Liste séquentielle d'un fichier

Énoncé

Réaliser un programme permettant d'afficher successivement chacun des enregistrements d'un fichier analogue à ceux créés par le programme précédent. Le programme présentera un seul enregistrement à la fois, accompagné d'un numéro précisant son rang dans le fichier (on attribuera le numéro 1 au premier enregistrement) ; il attendra que l'utilisateur frappe la touche *return* avant de passer à l'enregistrement suivant.

L'affichage des informations sera réalisé par une fonction à laquelle on transmettra en argument l'enregistrement à afficher et son numéro. Le modèle même de la structure correspondante sera, quant à lui, défini à un niveau global.

Le programme devra s'assurer de l'existence du fichier à lister.

Exemple

```
donnez le nom du fichier à lister : person

enregistrement numéro : 1

NOM             : dubois
AGE             : 32
NOMBRE D'ENFANTS : 1
AGE ENFANT  1    :  7


enregistrement numéro : 2

NOM             : dunoyer
AGE             : 29
NOMBRE D'ENFANTS : 0


enregistrement numéro : 3

NOM             : dutronc
AGE             : 45
NOMBRE D'ENFANTS : 3
AGE ENFANT  1    : 21
AGE ENFANT  2    : 18
AGE ENFANT  3    : 17


   -------- FIN LISTE FICHIER ----------
```

Solution

Programme

```c
#include <stdio.h>
#include <string.h>

#define LGNOM 20                        /* longueur maxi d'un nom */
```

© Éditions Eyrolles

```
#define NBENFMAX 15                    /* nombre maxi d'enfants */
#define LNOMFICH 20                    /* longueur maxi nom de fichier */

struct enreg { char nom [LGNOM+1] ;
               int age ;
               int nbenf ;
               int agenf [NBENFMAX] ;
             } ;

main()
{
   void affiche (struct enreg *, int) ;     /* fonction d'affichage */
   char nomfich [LNOMFICH+1] ;              /* nom du fichier à lister */
   FILE * entree  ;                        /* descripteur fichier (niveau 2) */
   struct enreg bloc ;                     /* enregistrement fichier */
   int num ;                               /* numéro d'enregistrement */


          /* ouverture fichier à lister */
          /* attention : mode d'ouverture : r au lieu de rb dans certains cas */
   do
      { printf ("donnez le nom du fichier à lister : ") ;
        gets (nomfich) ;
        if ( (entree = fopen (nomfich, "rb")) == 0 )
            printf ("fichier non trouvé\n") ;
      }
   while (!entree) ;

          /* liste du fichier */
   num = 1 ;
   while (fread(&bloc, sizeof(bloc), 1, entree), ! feof(entree) )
      { affiche (&bloc, num++) ;
        getchar() ;                     /* attente frappe "return" */
      }

          /* fin liste */
   fclose(entree) ;
   printf ("\n\n -------- FIN LISTE FICHIER ----------") ;
}

        /***********************************************/
        /*   fonction d'affichage d'un enregistrement   */
        /***********************************************/

void affiche (struct enreg * bloc, int num)
{
   int i ;
   printf ("\n\nenregistrement numéro : %d\n\n", num) ;
```

```
    printf ("NOM                  : %s\n", bloc->nom) ;
    printf ("AGE                  : %d\n", bloc->age) ;
    printf ("NOMBRE D'ENFANTS   : %d\n", bloc->nbenf) ;
    for (i=0 ; i < bloc->nbenf && i < NBENFMAX ; i++)
        printf ("AGE ENFANT %2d      : %2d\n", i+1, bloc->agenf[i]) ;
}
```

Commentaires

1. Notez le mode d'ouverture **rb** :

r : ouverture en lecture. Si le fichier n'existe pas, fopen fournit un pointeur nul.

b : ouverture en mode « binaire » ou « non translaté » (pour plus d'informations sur la différence entre les modes translaté et non translaté, voyez les commentaires de l'exercice 89).

2. Rappelons que la fonction de lecture fread possède 4 arguments, comparables à ceux de fwrite :

– l'adresse de début d'un ensemble de blocs à lire ;

– la taille d'un bloc (en octets) ;

– le nombre de blocs de cette taille à lire ;

– l'adresse de la structure décrivant le fichier (elle a été fournie par fopen).

3. La fonction feof prend la valeur vrai (1) lorsque la fin de fichier a été effectivement rencontrée. Autrement dit, il ne suffit pas, pour détecter la fin d'un fichier, d'avoir simplement lu son dernier octet ; il est, de plus, nécessaire d'avoir tenté de lire au-delà. C'est ce qui justifie que cette condition soit examinée après fread et non avant.

4. Voyez la façon dont nous avons programmé la boucle de lecture des différents enregistrements du fichier. Cela nous évite une sortie en cours de boucle par break, comme dans :

```
do
  { fread (&bloc, sizeof(bloc), 1, entree) ;
    if (feof(entree)) break ;
    affiche (&bloc, num++) ;
    getchar() ;
  }
while (1) ;
```

ou un test supplémentaire dans la boucle comme dans :

```
do
  { fread (&bloc, sizeof(bloc), 1, entree) ;
   if (!feof(entree))
      { affiche (&bloc, num++) ;
        getchar ;
      }
  }
while (!feof(entree)) ;
```

© Éditions Eyrolles

Discussion

1. Ce programme n'examine pas le code de retour de `fread` (celui-ci précise le nombre de blocs réellement lus).

2. Notre programme n'est pas protégé contre la fourniture par l'utilisateur d'un nom de fichier de plus de 20 caractères. Voyez la discussion de l'exercice précédent.

3. Le passage à l'enregistrement suivant est déclenché par la frappe de *return*. Mais si l'utilisateur frappe un ou plusieurs caractères (validés par *return*), il verra défiler plusieurs enregistrements de suite. La solution à ce problème dépend, ici encore, de l'implémentation. Par exemple, dans un environnement DOS, avec Turbo/Borland C/C++ ou Quick C/C Microsoft, il suffira de « vider le tampon du système » par :

```
while (kbhit()) getch ;
```

avant chaque attente.

Exercice **91** – Correction de fichier

Énoncé

Réaliser un programme permettant d'effectuer des corrections sur un fichier analogue à ceux créés par le programme de l'exercice 89.

L'utilisateur désignera un enregistrement par son numéro d'ordre dans le fichier. Le programme s'assurera de son existence et l'affichera d'abord tel quel avant de demander les modifications à lui apporter. Ces dernières seront effectuées *champ par champ*. Pour chaque champ, le programme en affichera à nouveau la valeur, puis il demandera à l'utilisateur d'entrer une éventuelle valeur de remplacement. Si aucune modification n'est souhaitée, il suffira à ce dernier de répondre directement par la frappe de *return*.

On prévoira deux fonctions :

- une pour l'affichage d'un enregistrement (on pourra reprendre la fonction `affiche` de l'exercice précédent) ;
- une pour la modification d'un enregistrement.

```
donnez le nom du fichier à modifier : person

numéro enregistrement à modifier (0 pour fin) : 14

numéro enregistrement à modifier (0 pour fin) : 2


enregistrement numéro : 2

NOM                 : dunoyer
AGE                 : 29
NOMBRE D'ENFANTS    : 0
```

```
entrez vos nouvelles infos (return si pas de modifs)
NOM                : Dunoyer
AGE                :
NOMBRE D'ENFANTS   : 1
AGE ENFANT  1      : 15

numéro enregistrement à modifier (0 pour fin) : 0


-------- FIN MODIFICATIONS FICHIER ----------
```

Analyse

À partir du moment où l'on souhaite retrouver un enregistrement par son rang dans le fichier, il paraît logique de réaliser un « accès direct ». Rappelons qu'en langage C celui-ci s'obtient en agissant sur la valeur d'un pointeur dans le fichier à l'aide de la fonction fseek. La lecture et l'écriture, quant à elles, restent toujours réalisées par les fonctions fread et fwrite.

L'énoncé ne nous impose pas de contrôle sur l'information lue au clavier. Néanmoins, nous devons être en mesure d'accepter et de reconnaître comme telle une « réponse vide ». Dans ces conditions, nous ne pouvons pas employer scanf qui risquerait de conduire à un bouclage sur le caractère \n.

Une solution à un tel problème consiste à lire tout d'abord la réponse de l'utilisateur sous forme d'une chaîne, ce qui permet de déceler convenablement les réponses vides. Si l'on souhaite une solution dépendante de l'implémentation, cela peut se faire soit avec gets, soit (si l'on souhaite limiter le nombre de caractères pris en compte) avec fgets (..., stdin).Ici, nous utiliserons la première possibilité, en faisant appel à une zone de 128 caractères (dans bon nombre d'implémentations, on ne peut pas frapper au clavier de « lignes » plus longues !).

Lorsqu'une information numérique est attendue, il nous suffit alors de « décoder » le contenu de cette chaîne. Cela peut se faire, soit avec la fonction sscanf assortie (ici) d'un format %d, soit avec la fonction standard atoi. Par souci de diversité, nous avons choisi ici la seconde.

Programme

```c
#include <stdio.h>
#include <string.h>

#define VRAI 1                   /* pour simuler .....       */
#define FAUX 0                   /*      ..... des booléens */
#define LGNOM 20                 /* longueur maxi d'un nom */
#define NBENFMAX 15              /* nombre maxi d'enfants */
#define LNOMFICH 20              /* longueur maxi nom de fichier */
```

© Éditions Eyrolles

```
            struct enreg { char nom [LGNOM+1] ;
                           int age ;
                           int nbenf ;
                           int agenf [NBENFMAX] ;
                         } ;

     main()
     {
        void affiche (struct enreg *, int) ;   /* fonction d'affichage */
        void modifie (struct enreg *) ;        /* fonction de modif d'un enreg */
        char nomfich [LNOMFICH+1] ;            /* nom du fichier à lister */
        FILE * fichier  ;                      /* descripteur fichier (niveau 2) */
        struct enreg bloc ;                    /* enregistrement fichier */
        int num,                               /* numéro d'enregistrement */
            horsfich ;                         /* indicateur "logique" */
        long nb_enreg,                     /* nbre d'enregistrements du fichier */
             pos ;                         /* position courante (octets) dans fich */

          /* ouverture (en mise à jour) fichier à modifier et calcul de sa taille */
            /* attention, mode d'ouverture r+ au lieu de r+b dans certains cas */

        do
           { printf ("donnez le nom du fichier à modifier : ") ;
             gets (nomfich) ;
             if ( (fichier = fopen (nomfich, "r+b")) == 0 )
                 printf ("fichier non trouvé\n") ;
           }
        while (! fichier) ;

        fseek (fichier, 0, 2) ;
        nb_enreg = ftell (fichier) / sizeof(bloc) ;

                 /* boucle de corrections d'enregistrements */
                    /* jusqu'à demande d'arrêt */
        do
           { do
               { printf ("\nnuméro enregistrement à modifier (0 pour fin) : ");
                 scanf ("%d", &num) ;
                 getchar() ;                     /* pour sauter le dernier \n" */
                 horsfich = num < 0 || num > nb_enreg ;
               }
             while (horsfich) ;

             if (num == 0 ) break ;         /* sortie boucle si demande arrêt */
             pos = (num-1) * sizeof(bloc) ;      /* calcul position courante */
             fseek (fichier, pos, 0) ;            /* positionnement fichier */
             fread (&bloc, sizeof(bloc), 1, fichier) ;      /* lecture enreg */
             affiche (&bloc, num) ;                      /* affichage enreg */
```

```
            modifie (&bloc) ;                                   /* modif enreg */
            fseek (fichier, pos, 0) ;              /* repositionnement fichier */
            fwrite (&bloc, sizeof(bloc), 1, fichier) ;    /* réécriture enreg */
          }
     while (1) ;


               /* fin modifications */
     fclose(fichier) ;
     printf ("\n\n -------- FIN MODIFICATIONS FICHIER ----------\n") ;
   }


          /***********************************************/
          /*    fonction d'affichage d'un enregistrement    */
          /***********************************************/

void affiche (struct enreg * bloc, int num)
{
    int i ;
    printf ("\n\nenregistrement numéro : %d\n\n", num) ;
    printf ("NOM                 : %s\n", bloc->nom) ;
    printf ("AGE                 : %d\n", bloc->age) ;
    printf ("NOMBRE D'ENFANTS    : %d\n", bloc->nbenf) ;
    for (i=0 ; i < bloc->nbenf && i < NBENFMAX ; i++)
        printf ("AGE ENFANT %2d      : %2d\n", i+1, bloc->agenf[i]) ;
}


          /*************************************************/
          /*    fonction de modification d'un enregistrement   */
          /*************************************************/

void modifie (struct enreg * bloc)
{
    char ligne[127] ;            /* chaîne de lecture d'une ligne d'écran */
    int i ;

    printf ("\n\n\entrez vos nouvelles infos (return si pas de modifs)\n") ;

    printf ("NOM             : ") ;
    gets (ligne) ;
    if (strlen(ligne)) strcpy (bloc->nom, ligne) ;

    printf ("AGE             : ") ;
    gets (ligne) ;
    if (strlen(ligne)) bloc->age = atoi(ligne) ;
```

© Éditions Eyrolles

```
        printf ("NOMBRE D'ENFANTS  : ") ;
        gets (ligne) ;
        if (strlen(ligne)) bloc->nbenf = atoi(ligne) ;

        for (i=0 ; i < bloc->nbenf && i < NBENFMAX ; i++)
          { printf ("AGE ENFANT %2d     : ", i+1) ;
            gets (ligne) ;
            if (strlen(ligne)) bloc->agenf[i] = atoi(ligne) ;
          }
   }
```

Commentaires

1. Nous avons ouvert le fichier dans le mode **r+b**, lequel autorise la mise à jour (lecture et écriture en un emplacement quelconque du fichier). Notez qu'il faut éviter d'écrire ici rb+, ce qui ne provoquerait généralement pas d'erreur d'ouverture, mais qui empêcherait toute écriture dans le fichier (ici, notre programme ne s'apercevrait pas de cette anomalie puisqu'il ne teste pas le code de retour de fwrite). En ce qui concerne l'indication **b**, rappelons que celle-ci n'est indispensable que dans les implémentations qui distinguent les fichiers de type texte des autres. Revoyez éventuellement les commentaires de l'exercice 89.

2. Après l'ouverture du fichier, nous en déterminons la taille (dans la variable nb_enreg) à l'aide des fonctions fseek et ftell. Plus précisément :

```
        fseek (fichier, 0, 2)
```

nous place à 0 octet de la fin (code 2) du fichier et :

```
        ftell (fichier)
```

nous donne la position courante du pointeur associé au fichier (qui pointe ici sur la fin). Il nous est alors facile de la transformer en un nombre d'enregistrements, en la divisant par la taille d'un enregistrement.

3. N'oubliez pas qu'après avoir lu un enregistrement, il est nécessaire, avant de le réécrire, de positionner à nouveau le pointeur dans le fichier.

Discussion

Comme dans les précédents programmes, nous n'avons pas introduit de protections particulières vis-à-vis des réponses fournies par l'utilisateur (voyez les discussions des précédents programmes). Toutefois, ici, compte tenu de la manière même dont nous avons programmé la saisie des corrections, il n'existe pas, à ce niveau, de risque de « plantage » consécutif à une mauvaise réponse puisque nous n'avons pas fait appel à scanf.

Exercice 92 – Comptage de lettres et mots d'un fichier texte

Énoncé

Écrire un programme qui, à partir d'un fichier texte, détermine :

- le nombre de caractères qu'il contient ;
- le nombre de chacune des lettres de l'alphabet (on ne considérera que les minuscules) ;
- le nombre de mots ;
- le nombre de lignes.

Les fins de lignes ne devront pas être comptabilisées dans les caractères. On admettra que deux mots sont toujours séparés par un ou plusieurs des caractères suivants :

- fin de ligne
- espace
- ponctuation : : . , ; ? !
- parenthèses : ( )
- guillemets : "
- apostrophe : '

On admettra également, pour simplifier, qu'aucun mot ne peut être commencé sur une ligne et se poursuivre sur la suivante.

Il est conseillé de réaliser une fonction permettant de décider si un caractère donné, transmis en argument, est un des séparateurs mentionnés ci-dessus. Elle restituera la valeur 1 lorsque le caractère est un séparateur et la valeur 0 dans le cas contraire.

Exemple

```
donnez le nom du fichier à examiner : b:letfic.c
votre fichier contient 87 lignes, 371 mots
et 3186 caractères dont :
69 fois la lettre a
6 fois la lettre b
74 fois la lettre c
36 fois la lettre d
163 fois la lettre e


       ........

110 fois la lettre t
63 fois la lettre u
7 fois la lettre v
3 fois la lettre w
6 fois la lettre x
0 fois la lettre y
1 fois la lettre z

et 1979 autres caractères
```

© Éditions Eyrolles

Solution *Analyse*

Comme nous avons déjà eu l'occasion de le voir dans les exercices 62 et 63, ce type de problème peut être résolu d'au moins deux manières :

- en effectuant une répétition du traitement d'un caractère ;
- en effectuant une répétition du traitement d'une ligne, lui-même constitué de la répétition du traitement de chacun des caractères qu'elle contient.

Toutefois, ici, nous avons à faire à un fichier dans lequel la longueur maximale d'une ligne n'est pas connue a priori, ce qui rend la seconde méthode difficile à mettre en œuvre. Nous choisirons donc la première ; chaque caractère du fichier sera donc lu par fgetc.

Rappelons que certaines implémentations distinguent les fichiers de type texte des autres. Dans ce cas, une telle distinction n'est pas liée au contenu même du fichier (en fait, on peut toujours considérer qu'un fichier, quel que soit son contenu, est formé d'une suite d'octets, donc, finalement, d'une suite de caractères). Elle a simplement pour objectif de faire en sorte que, pour le programme, les « fins de ligne » apparaissent toujours matérialisées par un caractère unique, à savoir \n (alors que, précisément, certaines implémentations, DOS notamment, représentent une fin de ligne par un « coupe » de caractères). Lorsqu'une telle distinction est nécessaire, il est prévu d'introduire l'indication **t**, au niveau du mode d'ouverture du fichier (de même qu'on y introduisait l'indication **b** pour signaler qu'il ne s'agissait pas d'un fichier de type texte).

Bien entendu, ici, nous avons tout intérêt à profiter de cette possibilité, de manière à nous faciliter la détection des fins de ligne et, surtout, à obtenir un programme portable (à l'exception, éventuellement, de l'indication **t**).

Les comptages à effectuer au niveau des caractères (nombre de caractères, nombre de chacune des minuscules) peuvent être réalisés de façon naturelle, à condition toutefois de ne pas comptabiliser \n comme un caractère (au contraire, à sa rencontre, il faudra incrémenter le compteur de lignes).

En ce qui concerne les comptages de mots, nous procéderons comme dans le premier programme de l'exercice 63 en employant :

- une fonction permettant de tester si un caractère est un séparateur ;
- un indicateur logique : mot_en_cours.

Programme

```
#include <stdio.h>
#define LNOMFICH 20          /* longueur maximale d'un nom de fichier */
#define VRAI 1               /* pour "simuler" des ..... */
#define FAUX 0               /* ..... valeurs logiques */

main()
{
   int sep (char) ;          /* fonction test "caractère séparateur ?" */
   char nomfich [LNOMFICH+1] ; /* nom du fichier à examiner */
```

```
        FILE * entree ;                 /* descripteur du fichier à examiner */
        char c ;                        /* caractère courant */
        int  compte [26],               /* pour compter les différentes lettres */
             numl,                      /* rang lettre courante dans l'alphabet */
             ntot,                      /* compteur nombre total de caractères */
             nautres,                   /* compteur carac autres que minuscules */
             nmots,                     /* compteur du nombre de mots */
             nlignes,                   /* compteur du nombre de lignes */
             mot_en_cours,              /* indicateur logique : mot trouvé */
             i ;

             /* entrée du nom de fichier à examiner et ouverture */
             /* attention, mode r au lieu de rt, dans certains cas */
        do
           { printf ("donnez le nom du fichier à examiner : ") ;
             gets (nomfich) ;
             if ( (entree = fopen (nomfich, "rt")) == NULL)
                  printf ("***** fichier non trouvé\n") ;
           }
        while (entree == NULL) ;

             /* initialisations */
        for (i=0 ; i<26 ; i++)
           compte[i] = 0 ;
        ntot = 0 ; nautres = 0 ;
        nmots = 0 ;
        nlignes = 0 ;
        mot_en_cours = FAUX ;

             /* boucle d'examen de chacun des caractères du fichier */
        while ( c = fgetc (entree), ! feof (entree) )
           {
             if (c == '\n') nlignes++ ;      /* comptages au niveau caractères */
                else
                    { ntot++ ;
                      numl = c -'a' ;
                      if (numl >= 0 && numl < 26) compte[numl]++ ;
                                     else nautres++ ;
                    }

             if (sep(c))                              /* comptages au niveau mots */
                  { if (mot_en_cours)
                        { nmots++ ;
                          mot_en_cours = FAUX ;
                        }
                  }
               else mot_en_cours = VRAI ;
           }
```

© Éditions Eyrolles

```
                /* affichage résultats */
         printf ("\nvotre fichier contient %d lignes, %d mots\n",
                                         nlignes, nmots) ;
         printf ("et %d caractères dont :\n", ntot) ;
         for (i=0 ; i<26 ; i++)
            printf ("%d fois la lettre %c\n", compte[i], 'a'+i) ;
         printf ("\net %d autres caractères\n", nautres) ;
    }


        /******************************************************/
        /*         fonction de test "caractère séparateur"       */
        /******************************************************/

int sep (char c)
{
    char sep[12] = {'\n',                        /* fin de ligne */
                    ' ',                         /* espace */
                    ',', ';', ':', '.', '?', '!',  /* ponctuation */
                    '(', ')',                    /* parenthèses */
                    '"', '\'' } ;                /* guillemets, apostr*/
    int nsep=12,                                 /* nbre séparateurs */
        i ;

    i = 0 ;
    while ( c!=sep[i] && i<nsep ) i++ ;
    if (i == nsep) return (0) ;
            else return (1) ;
}
```

Commentaires

Le fichier a été ouvert en mode **rt** :

r : ouverture en lecture. Si le fichier n'existe pas, `fopen` fournit un pointeur nul.

t : ouverture en mode translaté (voyez à ce propos, le premier commentaire de l'exercice 89).

Notez que le choix du mode translaté n'est jamais absolument indispensable. Toutefois, comme nous l'avons dit dans l'analyse, il nous facilite la détection de fin de ligne et, de plus, il rend le programme transportable (par exemple sous Unix, où une fin de ligne est représentée par \n).

Discussion

Nous avons supposé (implicitement) que notre programme traitait un véritable fichier texte, autrement dit que ce dernier se terminait par une fin de ligne. Si cela n'était pas le cas :

- la dernière ligne ne serait pas comptabilisée ;
- le dernier mot ne serait pas comptabilisé, à moins d'être suivi d'au moins un séparateur.

Chapitre 15
Analyse numérique

Ce chapitre vous propose quelques applications du langage C à l'analyse numérique. Nous avons cherché à y introduire les techniques de programmation qui interviennent fréquemment dans ce domaine. Citons, par exemple :

- la représentation et les manipulations de matrices ;
- la représentation de nombres complexes ;
- la réalisation de modules susceptibles de travailler avec une fonction quelconque ou avec des tableaux de dimensions quelconques.

Exercice 93 – Produit de matrices réelles

Énoncé

Écrire une fonction calculant le produit de deux matrices réelles. On supposera que le premier indice de chaque tableau représentant une matrice correspond à une ligne.

On prévoira en arguments :

* les adresses des deux matrices à multiplier et celle de la matrice produit ;
* le nombre de lignes et le nombre de colonnes de la première matrice ;
* le nombre de colonnes de la seconde matrice (son nombre de lignes étant obligatoirement égal au nombre de colonnes de la première).

Un programme principal permettra de tester cette fonction.

```
MATRICE A
   0    1    2    3
   1    2    3    4
   2    3    4    5
   3    4    5    6
   4    5    6    7

MATRICE B
   0    1    2
   1    2    3
   2    3    4
   3    4    5

PRODUIT A x B
  14   20   26
  20   30   40
  26   40   54
  32   50   68
  38   60   82
```

Analyse

Rappelons que si A est une matrice n, p (n lignes et p colonnes) et si B est une matrice p, q, la matrice produit :

C = A x B

est une matrice n, q définie par :

$$c_{ij} = \quad a_{ik}\, b_{kj}$$

© Éditions Eyrolles

Programme

```
#define N 5
#define P 4
#define Q 3

main()
{
   void prod_mat(double *, double *, double *, int, int, int) ;
   double a[N][P], b[P][Q], c[N][Q] ;
   int i, j ;
                     /* initialisation matrice a */
   for (i=0 ; i<N ; i++)
      for (j=0 ; j<P ; j++)
         a[i][j] = i+j ;
                     /* initialisation matrice b */
   for (i=0 ; i<P ; i++)
      for (j=0 ; j<Q ; j++)
         b[i][j] = i+ j ;

                     /* calcul produit a x b */
                     /* les "cast" (int *) sont facultatifs */
   prod_mat ( (double *) a, (double *) b, (double *) c, N, P, Q) ;

                     /* affichage matrice a */
   printf (" MATRICE A\n") ;
   for (i=0 ; i<N ; i++)
      {  for (j=0 ; j<P ; j++)
            printf ("%4.0f", a[i][j]) ;
         printf ("\n") ;
      }
   printf ("\n") ;
                     /* affichage matrice b */
   printf (" MATRICE B\n") ;
   for (i=0 ; i<P ; i++)
      {  for (j=0 ; j<Q ; j++)
            printf ("%4.0f", b[i][j]) ;
         printf ("\n") ;
      }
   printf ("\n") ;

                     /* affichage produit */
   printf (" PRODUIT A x B\n") ;
   for (i=0 ; i<N ; i++)
      {  for (j=0 ; j<Q ; j++)
            printf ("%4.0f", c[i][j]) ;
         printf ("\n") ;
      }
}
```

```
void prod_mat ( double * a, double * b, double * c,
                     int n, int p, int q)
{
   int i, j, k ;
   double s ;
   double *aik, *bkj, *cij ;

   cij = c ;
   for (i=0 ; i<n ; i++)
      for (j=0 ; j<q ; j++)
         { aik = a + i*p ;
           bkj = b + j ;
           s = 0 ;
           for (k=0 ; k<p ; k++)
              { s += *aik * *bkj ;
                aik++ ;
                bkj += q ;
              }
           * (cij++) = s ;
         }
}
```

Commentaires

1. Dans la fonction `prod_mat`, nous n'avons pas pu utiliser le « formalisme » des tableaux pour les matrices a, b et c car celles-ci possèdent deux dimensions non connues lors de la compilation du programme. Rappelons qu'un tel problème ne se pose pas lorsqu'il s'agit de tableaux à une seule dimension (car une notation telle que `t [i]` a toujours un sens, quelle que soit la taille de `t`) ou lorsqu'il s'agit d'un tableau à plusieurs dimensions dont seule la première est inconnue (compte tenu de la manière dont les éléments d'un tableau sont rangés en mémoire).

Dans ces conditions, nous sommes obligé de faire appel au formalisme des pointeurs pour repérer un élément quelconque de nos matrices. Pour ce faire, nous transmettons à la fonction `prodmat` l'adresse de début des trois matrices concernées. Notez qu'en toute rigueur (du moins d'après la norme ANSI), dans le programme `main`, un symbole tel que a est du type `(double [P])  *` (c'est-à-dire qu'il représente un pointeur sur des blocs de P éléments de type `double`), et non pas simplement du type `double*`. Il doit donc être converti dans le type `double  *`, cette conversion ne modifiant pas, en fait, l'adresse correspondante (revoyez éventuellement les commentaires de l'exercice 40 de la première partie de cet ouvrage). Cette conversion quelque peu fictive peut soit être mise en place automatiquement par le compilateur, au vu du prototype, soit être explicitée à l'aide d'un opérateur de « cast » ; cette dernière façon de faire a souvent le mérite d'éviter des messages d'avertissement intempestifs (« warnings »).

2. Notez que, dans la définition de la fonction `prodmat`, nous avons dû tenir compte de la manière dont le langage C range en mémoire les éléments d'un tableau à deux dimensions

© *Éditions Eyrolles*

(suivant ce qu'on nomme abusivement les « lignes » du tableau, c'est-à-dire suivant l'ordre obtenu en faisant varier en premier le dernier indice). Plus précisément :

– Le symbole `aik` représente un pointeur courant sur les éléments a_{ik}. Pour chaque valeur de i, *aik* est initialisé à l'adresse du premier élément de la ligne i de la matrice a (a+i*p) et il est incrémenté d'une colonne, en même temps que l'indice k (d'où la présence de *aik++* dans la boucle en k).

– De même, *bkj* représente un pointeur courant sur les éléments *bkj*. Pour chaque valeur de j, *bkj* est initialisé à l'adresse du premier élément de la colonne j de la matrice b (b+j) et il est incrémenté d'une ligne en même temps que l'indice k (d'où la présence de *bkj=bkj+q* dans la boucle en k).

– Enfin, *cij* représente un pointeur courant sur les éléments *cij*. Il est initialisé à l'adresse du premier élément de la matrice c. Il progresse de 1 à chaque tour de la boucle la plus interne en j (notez qu'il n'en aurait pas été ainsi si nous avions inversé les deux boucles en i et j).

Discussion

1. On a souvent tendance à dire qu'une fonction comme `prod_mat` travaille sur des matrices de dimensions variables. En fait, le terme est quelque peu ambigu. Ainsi, dans notre exemple, les matrices dont on transmet l'adresse en argument à `prod_mat` ont une taille bien déterminée dans le programme principal. Il n'en reste pas moins que :

– d'une part, la même fonction peut travailler sur des matrices de tailles différentes ;

– d'autre part, rien n'empêcherait qu'au sein du programme principal, les matrices a, b et c voient leur taille définie uniquement lors de l'exécution et leurs emplacements alloués dynamiquement.

2. Au sein d'une fonction comme `prod_mat`, il est possible d'employer le formalisme des tableaux à la place de celui des pointeurs en faisant appel à un artifice. Celui-ci consiste à créer, pour chaque matrice, un tableau de pointeurs contenant l'adresse de début de chaque ligne. Ainsi, par exemple, pour la matrice a, on pourrait réserver un tableau nommé ada par :

```
double * * ada ;
```

Il serait rempli de la manière suivante :

```
for (i=1 ; i<n ; i++)
        ada[i] = a + i*p ;
```

Dans ces conditions, en effet, la notation `ada [i] [j]` correspondrait (compte tenu de l'associativité de gauche à droite de l'opérateur [ ]) à :

```
(ada [i]) [j]
```

c'est-à-dire à :

```
* (ada [i] + j)
```

Autrement dit, cette notation `ada [i] [j]` désignerait simplement la **valeur** de l'élément situé à l'intersection de la ligne i et de la colonne j de la matrice a.

On notera que pour que cet artifice soit utilisable au sein d'une fonction comme `prod_mat`, censée travailler sur des matrices de taille quelconque, il est nécessaire que les emplacements des tableaux de pointeurs tels que `ada` soient alloués dynamiquement.

Exercice **94** – Arithmétique complexe

Énoncé

Écrire deux fonctions calculant la `somme` et le `produit` de deux nombres complexes. Ces derniers seront représentés par une structure comportant deux éléments de type `double`, correspondant à la partie réelle et à la partie imaginaire.

Chacune de ces fonctions comportera trois arguments :
- l'adresse des deux nombres complexes (structures) concernés ;
- l'adresse du résultat (structure).

Un programme principal permettra de tester ces deux fonctions avec les valeurs complexes :

0,5 + i

1 + i

Exemple

```
0.500000 + 1.000000 i   et   1.000000 + 1.000000 i
ont pour somme   1.500000 + 2.000000 i
et pour produit  -0.500000 + 1.500000 i
```

Solution

Analyse

Soit deux nombres complexes :

$$x = a + ib$$
$$y = c + id$$

On sait que :

$$x + y = (a+c) + i\,(b+d)$$

et que :

$$x\,y = (ac - bd) + i\,(ad + bc)$$

Programme

```
typedef struct

{ double reel ;
  double imag ;
} complexe ;
```

© Éditions Eyrolles

```
main()
{
    void somme (complexe *, complexe *, complexe *) ;
    void produit (complexe *, complexe *, complexe *) ;
    complexe z1, z2, s, p ;
    z1.reel = 0.5 ; z1.imag = 1.0 ;
    z2.reel = 1.0 ; z2.imag = 1.0 ;
    somme   (&z1, &z2, &s) ;
    produit (&z1 ,&z2, &p) ;
    printf ("%lf + %lf i   et   %lf + %lf i \n",
            z1.reel, z1.imag, z2.reel, z2.imag) ;
    printf ("ont pour somme  %lf + %lf i \n", s.reel, s.imag) ;
    printf ("et pour produit  %lf + %lf i \n", p.reel, p.imag) ;
}

void somme (complexe * x, complexe * y, complexe * som)
{
    som->reel = x->reel + y->reel ;
    som->imag = x->imag + y->imag ;
}

void produit (complexe * x, complexe * y, complexe * prod)
{
    prod->reel = x->reel * y->reel - x->imag * y->imag ;
    prod->imag = x->reel * y->imag + x->imag * y->reel ;
}
```

Commentaires

1. Nous avons défini, à un niveau global, un modèle de structure nommé `complexe`.

2. Notez bien que, dans le programme principal, l'accès à une structure se fait par l'opérateur `"."` (comme dans `z1.reel`) car z1 désigne ici la **valeur** d'une structure ; par contre, dans les fonctions, il se fait par l'opérateur `->` (comme dans `x->reel`) car x désigne alors **l'adresse** d'une structure. On peut toutefois éviter l'emploi de cet opérateur, en remarquant que `x->reel` est équivalent à `(*x).reel`.

3. En toute rigueur, d'après la norme ANSI, il est possible de transmettre, en argument d'une fonction, la valeur d'une structure. Aussi, aurions-nous pu prévoir que `somme` et `produit` reçoivent les valeurs des complexes sur lesquels porte l'opération. En revanche, le résultat devrait toujours être transmis par valeur puisque déterminé par la fonction elle-même. Par exemple, la définition de `somme` aurait pu être :

```
void somme (complexe x, complexe y, complexe * som)
{
    prod->reel = x.reel + y.reel ;

    prod->imag = x.imag + y.imag ;
}
```

Discussion

Dans la pratique, les fonctions somme et produit seraient compilées séparément des fonctions les utilisant. Pour ce faire, il est nécessaire qu'elles disposent de la description de la structure complexe. On voit qu'on risque alors d'être amené à décrire une même structure à différentes reprises. Certes, ici la chose n'est pas bien grave, dans la mesure où cette définition est simple. D'une manière générale, toutefois, on a tout intérêt à régler ce type de problème en plaçant une fois pour toutes une telle définition dans un fichier (d'extension h, par exemple) qu'on incorpore par #include dans tous les programmes en ayant besoin.

Exercice 95 – Produit de matrices complexes

Énoncé

Écrire une fonction calculant le produit de deux matrices complexes. Chaque matrice sera définie comme un tableau à deux dimensions dans lequel chaque élément sera une structure représentant un nombre complexe ; cette structure sera constituée de deux éléments de type double correspondant à la partie réelle et à la partie imaginaire du nombre. On supposera que le premier indice du tableau représentant une matrice correspond à une ligne.

On prévoira en arguments :

• les adresses des deux matrices à multiplier ;
• l'adresse de la matrice produit ;
• le nombre de lignes et de colonnes de la première matrice ;
• le nombre de colonnes de la deuxième matrice (son nombre de lignes étant obligatoirement égal au nombre de colonnes de la première).

On réalisera un programme principal permettant de tester cette fonction.

On pourra éventuellement faire appel aux fonctions somme et produit réalisées dans l'exercice 94 pour calculer la somme et le produit de deux nombres complexes.

```
MATRICE A
    0+   0i      1+   2i      2+   4i      3+   6i
    1+   1i      2+   3i      3+   5i      4+   7i
    2+   2i      3+   4i      4+   6i      5+   8i
    3+   3i      4+   5i      5+   7i      6+   9i
    4+   4i      5+   6i      6+   8i      7+  10i

MATRICE B
    0+   0i      1+   2i      2+   4i
    1+   1i      2+   3i      3+   5i
    2+   2i      3+   4i      4+   6i
    3+   3i      4+   5i      5+   7i
```

© Éditions Eyrolles

```
PRODUIT A x B
-14+   42i    -32+   66i    -50+   90i
-14+   54i    -36+   90i    -58+ 126i
-14+   66i    -40+ 114i    -66+ 162i
-14+   78i    -44+ 138i    -74+ 198i
-14+   90i    -48+ 162i    -82+ 234i
```

Analyse

Les formules de définition du produit de matrices complexes restent celles proposées dans l'analyse de l'exercice 94 pour les matrices réelles ; il suffit d'y remplacer les opérations + et x portant sur des réels par les opérations somme et produit de deux complexes (les règles de ces deux opérations ont été exposées dans l'analyse de l'exercice 95).

Programme

```c
#define N 5
#define P 4
#define Q 3

typedef struct
        { double reel ;
          double imag ;
        } complexe ;

main()
{
   void prod_mat (complexe *, complexe *, complexe *, int, int, int) ;
   complexe a[N][P], b[P][Q], c[N][Q] ;
   int i, j ;

                     /* initialisation matrice a */
   for (i=0 ; i<N ; i++)
      for (j=0 ; j<P ; j++)
         { a[i][j].reel = i+j ;
           a[i][j].imag = i+2*j ;
         }
                     /* initialisation matrice b */
   for (i=0 ; i<P ; i++)
      for (j=0 ; j<Q ; j++)
         { b[i][j].reel = i+j ;
           b[i][j].imag = i+2*j ;
         }
                     /* calcul produit a x b */
                     /* les "cast" (complexe *) sont facultatifs */
   prod_mat ((complexe *) &a, (complexe *) &b, (complexe *) &c, N, P, Q) ;
```

```
                         /* affichage matrice a */
            printf (" MATRICE A\n") ;
            for (i=0 ; i<N ; i++)
              { for (j=0 ; j<P ; j++)
                   printf ("%4.0lf+%4.0lfi   ", a[i][j].reel, a[i][j].imag) ;
                printf ("\n") ;
              }
            printf ("\n") ;

                         /* affichage matrice b */
            printf (" MATRICE B\n") ;
            for (i=0 ; i<P ; i++)
              { for (j=0 ; j<Q ; j++)
                   printf ("%4.0lf+%4.0lfi   ", b[i][j].reel, b[i][j].imag) ;
                printf ("\n") ;
              }
            printf ("\n") ;

                         /* affichage produit */
            printf (" PRODUIT A x B\n") ;
            for (i=0 ; i<N ; i++)
              { for (j=0 ; j<Q ; j++)
                   printf ("%4.0lf+%4.0lfi   ", c[i][j].reel, c[i][j].imag) ;
                printf ("\n") ;
              }
          }
            /**********************************************************/
            /* fonction de calcul de produit de 2 matrices complexes */
            /**********************************************************/

      void prod_mat ( complexe * a, complexe * b, complexe * c,
                   int n, int p, int q)
      {
         void produit() ;
         int i, j, k ;
         complexe s, pr ;
         complexe *aik, *bkj, *cij ;

         cij = c ;
         for (i=0 ; i<n ; i++)
            for (j=0 ; j<q ; j++)
               { aik = a + i*p ;
                 bkj = b + j ;
                 s.reel = 0 ; s.imag = 0 ;
```

© Éditions Eyrolles

```
                    for (k=0 ; k<p ; k++)
                      { produit (aik, bkj, &pr) ;
                        s.reel += pr.reel ; s.imag += pr.imag ;
                        aik++ ;
                        bkj += q ;
                      }
                    * (cij++) = s ;
                }
          }

      void produit (complexe *x, complexe *y, complexe *prod)
      {
         prod->reel = x->reel * y->reel - x->imag * y->imag ;
         prod->imag = x->reel * y->imag + x->imag * y->reel ;
      }
```

Commentaires

La fonction `prod_mat` peut être considérée comme une adaptation de la fonction `prod_mat` de l'exercice 94. Cette fois, les symboles `aik`, `bkj` et `cij` désignent, non plus des pointeurs sur des réels, mais des pointeurs sur une structure représentant un nombre complexe. La souplesse du langage C en matière d'opérations arithmétiques sur les pointeurs fait que les instructions d'incrémentation de ces quantités restent les mêmes (l'unité étant ici la structure `complexe` – soit 2 éléments de type `double`, au lieu d'une valeur de type `double`).

Discussion

Les remarques faites dans l'exercice 95, à propos de la description de la structure `complexe` restent naturellement valables ici.

Exercice 96 – Recherche de zéro d'une fonction par dichotomie

Énoncé

Écrire une fonction déterminant, par dichotomie, le zéro d'une fonction quelconque (réelle d'une variable réelle et continue). On supposera connu un intervalle [a,b] sur lequel la fonction change de signe, c'est-à-dire tel que f(a).f(b) soit négatif.

On prévoira en arguments :

- les valeurs des bornes a et b (de type `double`) de l'intervalle de départ ;
- l'adresse d'une fonction permettant de calculer la valeur de f pour une valeur quelconque de la variable. On supposera que l'en-tête de cette fonction est de la forme :

```
double fct (x)
double x ;
```

- l'adresse d'une variable de type double destinée à recueillir la valeur approchée du zéro de f ;
- la valeur de la précision (absolue) souhaitée (de type double).

Le code de retour de la fonction sera de −1 lorsque l'intervalle fourni en argument ne convient pas, c'est-à-dire :

- soit lorsque la condition a<b n'est pas satisfaite ;
- soit lorsque la condition f(a).f(b)<0 n'est pas satisfaite.

Dans le cas contraire, le code de retour sera égal à 0.

Un programme principal permettra de tester cette fonction.

Exemple

```
zéro de la fonction sin entre -1 et 1 à 1e-2 près = 0.000000e+000
zéro de la fonction sin entre -1 et 2 à 1e-2 près = 1.953125e-003
zéro de la fonction sin entre -1 et 2 à 1e-12 près = -2.273737e-013
```

Solution

Analyse

La démarche consiste donc, après avoir vérifié que l'intervalle reçu en argument était convenable, à répéter le traitement suivant :

- prendre le milieu m de $[a,b]$: $m = (a+b)/2$;
- calculer $f(m)$;
- si $f(m) = 0$, le zéro est en m ;
- si $f(a).f(m)<0$, il existe un zéro sur $[a,m]$; on remplace donc l'intervalle $[a,b]$ par $[a,m]$ en faisant : $b = m$
- si $f(a).f(m)>0$, il existe un zéro sur $[b,m]$; on remplace donc l'intervalle $[a,b]$ par $[b,m]$, en faisant : $a = m$

Le traitement est interrompu soit lorsque l'intervalle $[a,b]$ aura été suffisamment réduit, c'est-à-dire lorsque $|b-a|$ est inférieur à la précision souhaitée, soit lorsque le zéro a été localisé exactement ($f(m)=0$).

Programme

```c
#include <stdio.h>
#include <math.h>        /* pour la fonction sin */
main()
{                        /* fonction de recherche d'un zéro par dichotomie */
    int dichoto ( double (*(double)(), double, double, double *, double) ;
    double z,            /* zéro recherché */
           a, b,         /* bornes de l'intervalle de recherche */
           eps ;         /* précision souhaitée */

    dichoto (sin, -1.0, 1.0, &z, 1.0e-2) ;
    printf ("zéro de la fonction sin entre -1 et 1 à 1e-2 près = %le\n",z);
```

© Éditions Eyrolles

```
        dichoto (sin, -1.0, 2.0, &z, 1.0e-2) ;
        printf ("zéro de la fonction sin entre -1 et 2 à 1e-2 près = %le\n",z);

        dichoto (sin, -1.0, 2.0, &z, 1.0e-12) ;
        printf ("zéro de la fonction sin entre -1 et 2 à 1e-12 près = %le\n",z);
}
           /*********************************************************/
           /* fonction de recherche dichotomique du zéro d'une fonction */
           /*********************************************************/

int dichoto ( double (* f)(double), double a, double b, double * zero, double eps)

 /* f : fonction dont on cherche le zéro */
 /* a, b : bornes de l'intervalle de recherche */
 /* zero : zéro estimé */
 /* eps : précision souhaitée) */
{
    double m,                   /* milieu de l'intervalle courant */
           fm,                  /* valeur de f(m) */
           fa, fb ;             /* valeurs de f(a) et de f(b) */

    fa = (*f)(a) ;
    fb = (*f)(b) ;
    if (fa*fb >= 0 || a >= b) return (-1) ;        /* intervalle incorrect */


    while (b-a > eps)
       { m = (b+a) / 2.0 ;
         fm = (*f)(m) ;
         if (fm == 0) break ;                       /* zéro atteint */
         if (fa*fm < 0)  { b  = m ;
                           fb = fm ;
                         }
         else            { a  = m ;
                           fa = fm ;
                         }
       }
     * zero = m ;
    return (0) ;
}
```

Commentaires

1. Notez, dans la fonction `dichoto` :

– la déclaration de l'argument correspondant à l'adresse de la fonction dont on cherche le zéro :

double (*f)(double)

Celle-ci s'interprète comme suit :

(***f**) est une fonction recevant un argument de type `double` et fournissant un résultat de type `double`,

*f est donc une fonction recevant un argument de type `double` et fournissant un résultat de type `double`,

f est donc un pointeur sur une fonction recevant un argument de type `double` et fournissant un résultat de type `double`.

– l'utilisation du symbole `f` ; ainsi `(*f)(a)` représente la valeur de la fonction `(*f)` (fonction d'adresse `f`), à laquelle on fournit l'argument `a`.

Les mêmes réflexions s'appliquent au prototype servant à déclarer `dichoto`.

2. La fonction `dichoto` recevant en argument les **valeurs** des arguments a et b (et non des **adresses**), nous pouvons nous permettre de les modifier au sein de la fonction, sans que cela ait d'incidence sur les valeurs effectives des bornes définies dans le programme principal.

3. Voyez comment, dans le programme principal, un symbole comme `sin` est interprété par le compilateur comme l'adresse d'une fonction prédéfinie ; il est toutefois nécessaire d'avoir incorporé son prototype (situé dans `math.h`) ; en l'absence de l'instruction `#include` correspondante, le compilateur détecterait un erreur puisque alors le symbole `sin` ne serait pas défini.

Discussion

En théorie, la méthode de dichotomie conduit toujours à une solution, avec une précision aussi grande qu'on le désire, à partir du moment où la fonction change effectivement de signe sur l'intervalle de départ. En pratique, toutefois, les choses ne sont pas toujours aussi idylliques, compte tenu de la limitation de la précision des calculs.

Tout d'abord, si on impose une précision trop faible par rapport à la précision de l'ordinateur, on peut aboutir à ce que :

$$m = (a+b)/2$$

soit égal à l'une des deux bornes a ou b. Il est alors facile de montrer que l'algorithme peut boucler indéfiniment.

D'autre part, les valeurs de `f(a)` et de `f(b)` sont nécessairement évaluées de manière approchée. Dans le cas de formules quelque peu complexes, on peut très bien aboutir à une situation dans laquelle $f(a).f(b)$ est positif.

La première situation est assez facile à éviter : il suffit de choisir une précision relative (attention, ici, notre fonction travaille avec une précision absolue) inférieure à celle de l'ordinateur. Il n'en va pas de même pour la seconde dans la mesure où il n'est pas toujours possible de maîtriser la précision des calculs des valeurs de *f*.

© *Éditions Eyrolles*

www.ingramcontent.com/pod-product-compliance
Lightning Source LLC
Chambersburg PA
CBHW081501200326
41518CB00015B/2341

9 782212 111057